无极文化○编著 蓝勇波○审定

# 百变豆浆188例

重庆出版集团 重庆出版社

图书在版编目（CIP）数据

百变豆浆188例 / 无极文化编著 . -- 重庆 : 重庆出版社，2012.12

ISBN 978-7-229-06001-5

Ⅰ . ①百… Ⅱ . ①无… Ⅲ . ①豆制食品 – 饮料 – 制作Ⅳ . ① TS214.2

中国版本图书馆 CIP 数据核字 (2012) 第 293033 号

**百变豆浆** ***188例***

BAI BIAN DOU JIANG 188 LI

责任编辑：王　梅　刘思余
策划编辑：刘秀华
特约编辑：陈晓乐　颜笔乐
责任校对：何建云
审　　定：蓝勇波
参编人员：陈　勇　林修建　谭秀文　侯喜春　胡永济
摄　　影：徐秋萍
美术编辑：刘　玲
封面设计：陈　永

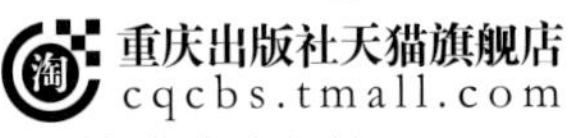

出版

重庆长江二路205号　邮政编码：400016　http://www.cqph.com
深圳市新视线印务有限公司印刷
重庆出版集团图书发行有限公司发行
E-mail:fxchu@cqph.com　邮购电话：023-68809452
重庆出版社天猫旗舰店
cqcbs.tmall.com
全国新华书店经销

开本：720mm × 1 000mm　1/16　印张：11
2013年1月第1版　2013年1月第1次印刷
ISBN 978-7-229-06001-5
**定价：26.80 元**

如有印装质量问题，请向本集团图书发行有限公司调换：023-68706683

# 前言

豆浆是大豆泡发后磨成的饮料。豆浆的营养来源于大豆，而大豆中含有丰富的蛋白质、矿物质和钙、铁等微量元素。随着搅拌机、豆浆机等小家电的发展与普及，在家中自己制作豆浆已经不是什么难事，而且还可以根据自己的口味搭配不同的食材，变化出不同的口味。自制豆浆因营养丰富、方便卫生且“万方百变”，现在已经受到越来越多人的青睐。

从另一个角度来讲，豆浆虽好，但做豆浆、喝豆浆也有很多讲究：如豆浆一定要充分煮熟后再喝，以免引起中毒反应；喝豆浆时要注意干湿搭配，这样有利于豆浆的吸收；豆浆也不是喝得越多越好，喝多了也会使身体摄入过多的热量……

那么，我们应该如何“做好”豆浆、“喝好”豆浆？这正是本书将要回答的问题。通过本书，我们将与大家分享制作各种口味、多种保健功效和不同季节的豆浆搭配法，并有针对性地介绍了各种人群、病症所需豆浆的制作方法，让大家既饱口福，又有利于健康。每道饮品中的食材配料均配以图片，力求让读者对原料用量有个直观、直接的印象，在读者实际购买原料中也能起到一定的指导作用。重要的是，所有饮品，均经营养师亲自调配。此外，本书还介绍了一些用豆浆和豆渣为主料做出的美食，让整粒豆子都有用武之地。从这个意义来说，本书内容不仅是“豆浆百变”，更是“豆浆百科”。

本书在讲解豆浆制作方法时，都是把豆子泡发后再榨豆浆的，读者朋友可根据自家豆浆机的功能，灵活运用。如豆浆机有榨干豆的功能，可直接用干豆榨；豆浆机有榨五谷豆浆的功能，在榨五谷豆浆时，可自行启动“五谷”按钮即可。

常见食材、简单方法、大众口味、营养健康——这几点正是出版此书的初衷，也是我们力图为读者呈献的特色。我们可以想象的是：当您与家人一起享用亲手制作的营养豆浆时，那该会是一种怎样温馨的场景？

# 目录

## 第一章 健康“豆”出来



## 第二章 超人气养生豆浆DIY



## 第三章 五色豆浆养五脏

## 第四章

## 不同人群，豆浆有别



## 第五章

## 四季养生豆浆

## 第六章

## 对症健康豆浆



## 第七章

## 豆豆的花样料理

第一章

# 健康“豆”出来

中国人爱吃“豆”，
豆类品种繁多，
一般黄豆、黑豆、青豆属于大豆类，
而豌豆、蚕豆、绿豆、赤豆、芸豆等，
民间俗称杂豆。
豆子营养丰富，
价格便宜，
所以千百年来，
中国的老百姓一日三餐都离不开豆类。
豆类含有丰富的植物蛋白，
是我国人民膳食中优质蛋白的重要来源。

# 豆豆家族齐点名

市场上的豆子种类很多，形状大小各异。豆类的营养价值非常高，中国传统饮食讲究“五谷宜为养，失豆则不良”。现代营养学也证明，每天坚持食用豆类食品，可增强免疫力，降低患病的概率。

## 黄豆

黄豆有“豆中之王”之称，被人们叫做“植物肉”“绿色的乳牛”，其营养最为丰富。干黄豆中含高品质的蛋白质约40%，为其他粮食之冠，还含有维生素A、维生素B族、维生素D、维生素E及钙、磷、铁等矿物质。

黄豆具有补气养血、健脾利水、排脓拔毒、消肿止痛的作用，多吃黄豆有助人们预防老年痴呆症。

黄豆富含大豆卵磷脂，是大脑的重要成分之一。黄豆中的卵磷脂和植物固醇能除掉附在血管壁上的胆固醇，减少胆固醇的吸收，防止血管硬化，预防心血管疾病，保护心脏。此外，大豆卵磷脂中的甾醇可增加神经机能和活力，而黄豆中的蛋白质，可以增加大脑皮层的兴奋和抑制功能，提高学习和工作效率，还有助于缓解沮丧、抑郁的情绪。

### 选购秘诀

从色泽来看，黄豆以金黄色为佳，若色泽黯淡、无光泽则为劣质黄豆；从质地来看，颗粒饱满且整齐均匀、无破瓣、无缺损、无虫害、无霉变、无挂丝的为好黄豆，若颗粒瘦瘪、不完整、大小不一，有破瓣、虫蛀、霉变的为劣质黄豆；从干湿度来看，用牙咬豆粒，发音清脆成碎粒，说明此黄豆干燥，若发音不脆则说明此黄豆潮湿。

### 保存妙方

黄豆的保存方法多种多样，有一个最简单又行之有效的办法就是取足够容量的密封罐一个、干辣椒若干，把干辣椒和黄豆混合，放在密封罐里，将密封罐放在通风干燥处即可。密封是为了防止黄豆受潮、发芽或者变质，而放入干辣椒是为了防止虫咬或者生虫。

## 红豆

红豆又名赤豆、红赤豆。因其富含淀粉，又被人们称为“饭豆”，具有生津液、利小便、消胀、除肿、止吐的功能，被李时珍称为“心之谷”。

红豆富含铁质，多摄取红豆，还有补血、促进血液循环、强化体力、增强抵抗力的效果。同时还有补充经期营养、舒缓经痛的效果。红豆中含有大量的膳食纤维和促进利尿作用的钾，这些成分可将胆固醇及盐分等对身体不必要的成分排泄出体外，因此有解毒的效果。

### 选购秘诀

从质地来看，颗粒大小均匀饱满的为上品；从色泽来看，当年新出产的红豆颜色艳丽，陈年的红豆，其红色则不鲜艳、干涩或像褪了色。

### 保存妙方

把红豆放在干净、干燥的饮料瓶中，把盖子拧紧，置于阴凉处保存，每次用完后及时拧紧瓶盖就行了。不需要任何处理，保持原味而且还简单方便。可达到长期贮存的目的。

## 绿豆

绿豆又名青小豆，因其颜色青绿而得名。绿豆是被人们认为是夏令饮食中的上品，盛夏酷暑，人们喝些绿豆粥，甘凉可口、防暑消热。绿豆具有清热解毒、消暑利水、抗炎消肿、保肝明目、止泄痢、润皮肤等功效。常食绿豆，对高血压、动脉硬化、糖尿病、肾炎有较好的辅助治疗作用。此外绿豆还可以作为外用药，嚼烂后外敷治疗皮肤湿疹。绿豆性凉，脾胃虚弱的人不宜多吃。

### 选购秘诀

从色泽来看，优质绿豆外皮呈蜡质，颗粒饱满、均匀，很少有破碎，无虫，不含杂质；劣质的绿豆色泽黯淡，颗粒大小不均，饱满度差。从气味来看，抓一把绿豆，向绿豆哈一口热气，然后立即嗅气味，优质绿豆具有正常的清香味，无其他异味，微有异味或有霉变味等不正常气味的为劣质绿豆。

### 保存妙方

买回来的绿豆放进冰箱冷冻一周后再拿出来，就不会生虫了。夏天吃不完的绿豆可以存放在塑料壶或者塑料瓶里，放到冰箱里更好，可保存到来年的夏天。

## 黑豆

黑豆又名乌豆，表皮呈黑色，去皮后，有黄仁和绿仁两种，黄仁的是小黑豆，绿仁的是大黑豆。

黑豆中蛋白质含量丰富，相当于肉类的2倍、鸡蛋的3倍、牛奶的12倍。黑豆含有18种氨基酸，其中8种是人体必需的氨基酸。黑豆中微量元素如锌、铜、镁、钼、硒、氟等的含量都很高，而这些微量元素对延缓人体衰老、降低血液黏稠度等非常重要。常食黑豆，能软化血管、滋润皮肤、延缓衰老、防止便秘发生，特别是对高血压、心脏病等患者特别有益。

黑豆性味甘平，具有祛风除湿、调中下气、活血、解毒、利尿等功效。黑豆还能有效提高性功能、明目乌发、美化皮肤。

### 选购秘诀

选购黑豆时，以豆粒完整、大小均匀、颜色乌黑者为好。黑豆表面有天然的蜡质，会随存放时间的长短而逐渐脱落，若表面有研磨般光泽的黑豆不要选购。因黑豆价格较贵，有不法商贩会用黑芸豆冒充黑豆，黑芸豆里面是白仁的，并不是真正的黑豆。

另外黑豆泡水时，会掉色，水色加深，但如果只是洗了一下，就掉色或者泡的时候水色特深，那是假的黑豆。

### 保存妙方

黑豆宜存放在密封罐中，置于阴凉处保存，不要让阳光直射，不要放入冰箱内。还需注意的是，因豆类食物容易生虫，购回后最好尽早食用。

## 青豆

青豆亦称青大豆，即种皮为绿色的大豆。按其子叶的颜色，又分为两种：青皮青仁大豆，青皮黄仁大豆。青豆味甘、性平，入脾、在肠经，具有健脾宽中，润燥消水的作用。患有严重肝病、肾病、痛风、消化性溃疡、动脉硬化、低碘者应禁食。

青豆含丰富的蛋白质，其中含人体必需的多种氨基酸，尤其以赖氨酸含量高。青豆富含不饱和脂肪酸和大豆磷脂，有保持血管弹性、健脑和防止脂肪肝形成的作用。青豆中富含皂苷、蛋白酶抑制剂、异黄酮、钼、硒等抗癌成分，对前列腺癌、皮肤癌、肠癌、食道癌等几乎所有的癌症都有抑制作用。

### 选购秘诀

青豆以颗粒饱满、色泽碧绿者为佳。购买青豆后，可以用清水浸泡一下，真正的青豆浸泡后不会掉色，一剥开里面的芽瓣是黄色；如果被染的青豆，清水会变混浊或绿色。

### 保存妙方

新鲜青豆不易保存，可把剥好的青豆洗净控干水分，放进保鲜袋中，扎好口，放进冰箱冷冻室速冻，吃时取出解冻。干青豆可用容器装好，置于阴凉、通风、干燥处存放即可。

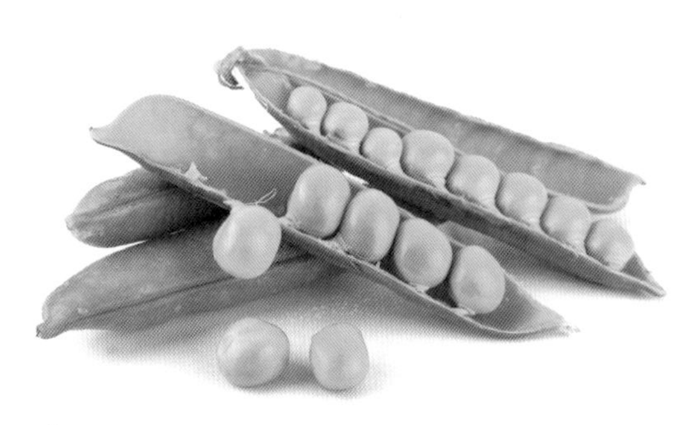

## 豌豆

豌豆又名麦豌豆、寒豆、麦豆等。豌豆味甘、性平，归脾、胃经；具有益中气、止泻痢、调营卫、利小便、消痈肿、解乳石毒之功效。

豌豆中富含人体所需的各种营养物质，尤其是含有优质蛋白质，可以提高机体的抗病能力和康复能力。豌豆富含赖氨酸，这是其他粮食所没有的。豌豆中还富含胡萝卜素，食用后可防止人体致癌物质的合成，从而减少癌细胞的形成，降低人体癌症的发病率。豌豆还含有丰富的维生素A原，维生素A原可在体内转化为维生素A，具有润泽皮肤的作用。

豌豆中所富含的粗纤维能促进大肠蠕动，保持大便通畅，起到清洁大肠的作用。豌豆粒多食会发生腹胀，故不宜长期大量食用。豌豆适合与富含氨基酸的食物一起烹调，可以明显提高豌豆的营养价值。

选购秘诀

豌豆以颗粒饱满、无虫蛀者为佳。

保存妙方

用有盖的容器装盛，置于阴凉、干燥、通风处保存。买的青豌豆不要洗，直接放冰箱冷藏，如果是剥出来的豌豆就适于冷冻。

## 红腰豆

红腰豆含丰富的维生素A、维生素C、维生素E及B族维生素，含丰富的铁质和钾等矿物质，有补血、增强免疫力、帮助细胞修补及防衰老等功效。最值得一提的是它不含脂肪但含高纤维，能帮助降低胆固醇及控制血糖，因此适合糖尿病人进食。素食者也十分适宜进食红腰豆，因为素食者可透过进食红腰豆来补充缺少了的铁质，从而帮助制造红细胞，预防缺铁性贫血。

红腰豆还含丰富的叶酸，特别适合孕妇食用，这是天然的叶酸补充剂。

选购秘诀

以粒大饱满、外形似“鸡腰子”、色泽红润自然、无虫蛀者为佳。

保存妙方

用密封容器装好，置于通风、阴凉处，以免起霉、虫蛀。也可以放入冰箱内保存，但冰箱内保存的时间一般在20天左右。

# 五谷杂粮好搭档

最好的饮食、最合理的饮食其实是平衡膳食。合理的食物搭配，能使食物的营养加倍，得到“一加一大于二”的效果。豆类和杂粮搭配使得钾、钙、维生素、叶酸、生物类黄酮的含量也更为丰富，它们互为补充互为助益，使得营养更全面，为人体提供必需的营养物质，保障人体日常所需，对人体生长发育、增强体质、预防疾病有极好的功效。

## 大米

大米是由稻子的子实脱壳而成，是我国南方人民的主食，米粒一般呈椭圆形或圆形。中医认为，大米有健脾和胃、补中益气，除烦渴、止泻痢的功效，能使五脏血脉精髓充溢、筋骨肌肉强健。

大米所含的优质蛋白质可使血管保持柔软，达到降血压的效果。其内所含的水溶性食物纤维，可将肠内的胆酸汁排出体外，预防动脉硬化等心血管疾病。大米可防过敏性疾病，因大米所供养的红细胞生命力强，又无异体蛋白进入血液，能防止一些过敏性皮肤病的发生。

### 选购秘诀

应选择米粒较大且饱满，颗粒均匀，颜色白皙，有米香，无杂质者。如果碎粒很多，颜色发暗，混有杂质，没有大米特有的清香味，则表明大米存放的时间过久，不宜选购。

### 保存妙方

放在干燥、密封效果好的容器内，并且要置于阴凉处保存即可。另外，可以在盛有大米的容器内放几瓣大蒜，可防止大米因久存而生虫。

## 小米

小米粒小，色淡黄或深黄，质地较硬，制成品有甜香味。小米内所含色氨酸会促使一种使人产生睡意的五羟色胺促睡血清素分泌，因此小米是很好的安眠食品。

小米滋阴，是碱性谷类，身体有酸痛或胃酸不调者可常常吃。小米也能解除口臭，减少口中的细菌滋生。小米的丰富氨基酸能帮助孕妇预防流产，抗菌及预防女性阴道发炎。

小米性凉，很适合病人食用。小米是老人、病人、产妇宜用的滋补品，也适宜面色潮红者，脂溢性皮炎、黄褐斑患者食用。中国北方妇女在生育后，都有用小米加红糖来调养身体的传统。

### 选购秘诀

优质小米的米粒大小、颜色均匀，呈乳白色、黄色或金黄色，富有光泽，很少有碎米，无虫、无杂质，闻起来具有清香味，无其他异味。质量不佳的小米用手易捻成粉状或易碎，碎米多，闻起来微有异味、霉变气味、酸臭味或不正常的气味。

### 保存妙方

通常是将小米放在阴凉、干燥、通风较好的地方。如果购买的新小米水分较大，不能暴晒，可阴干后再保存。另外，小米易遭蛾类幼虫等危害，可在盛放小米的容器内放一小包花椒。

## 薏米

薏米又名薏仁、薏苡仁、苡仁，是常用的中药，又是普遍常吃的食物。由于薏米的营养价值很高，被誉为“世界禾本科植物之王”和“生命健康之禾”。

薏米含淀粉非常丰富，并易溶于水而被消化吸收。现代医学证明，薏米有防癌的作用，其抗癌的有效成分中包括硒元素，能有效抑制癌细胞的增殖，可用于胃癌、子宫颈癌的辅助治疗。薏米含有大量的维生素$B_1$，可以改善粉刺、黑斑、雀斑与皮肤粗糙等现象，是皮肤光滑、美白的好帮手。

### 选购秘诀

薏米以粒大完整饱满、结实及粉屑少，且带有清新气息者为佳。

### 保存妙方

保存薏米需要低温、干燥、密封、避光四个基本原则。其中低温是最关键的因素。另外如果购买的是袋装密封薏米，可从包装上的日期起算，保存不宜超过六个月。开袋后要尽快食完，如有少量剩余，应用密封夹夹紧包装袋。

## 小麦

小麦是小麦属植物的统称，是一种在世界各地广泛种植的禾本科植物。小麦播种季节不同分为春小麦和冬小麦；按麦粒粒质可分为硬小麦和软小麦；按麦粒颜色可分为白小麦、红小麦和花小麦。

小麦是我国北方人民的主食，磨成面粉后可制作面包、馒头、饼干、蛋糕、面条、油条、油饼、火烧、烧饼、煎饼、水饺、煎饺、包子、馄饨等食物，自古就是滋养人体的重要食物。《本草拾遗》中提道："小麦面，补虚，实人肤体，厚肠胃，强气力。"小麦中富含淀粉、蛋白质、脂肪、矿物质、钙、铁、硫胺素、核黄素、烟酸及维生素A等，常食可养心安神、健脾益肾。

### 选购秘诀

选购面粉一般有四步：第一是测水分，水分少的捏的时候感觉非常散，根本攥不起团来。第二是看颜色，普通粉或者叫标准粉是发一点黄的；标准粉还有一个好处就是去掉了最外层妨碍矿物质吸收的像植酸类的物质，能买到这样的面粉非常好。第三是辨滋味，闻一闻味，因为面是粉状的，吸味、吸潮能力都很强，如果受潮后重新烘干，会带一些霉味，闻到微微一点麦香是最好的。第四是手捻搓，好面粉手感稍微发涩，面粉里掺滑石粉、石灰粉的，手感发滑。

### 保存妙方

面粉的保存比较难，尤其是夏天，是用布口袋装面，更容易生虫。如果用塑料袋盛面粉，以"塑料隔绝氧气"的办法使面粉与空气隔绝，既不反潮发霉，也不易生虫，简单易行。

## 芝麻

芝麻有黑白两种，食用以白芝麻为好，补益药用则以黑芝麻为佳。

芝麻营养丰富，有滋养肝肾、润燥滑肠、乌须黑发等良好功效，久服还能益寿延年。《本草纲经》中说"主伤中虚羸，补五内，益气力，长肌肉，填脑髓"。

芝麻中含有丰富的维生素E，能防止过氧化脂质对皮肤的危害，抵消或中和细胞内有害物质游离基的积聚，可使皮肤白皙润泽，并能防止各种皮肤炎症。由于芝麻含有丰富的卵磷脂、蛋白质、维生素E、亚油酸

等，经常服用还能够补血通便，绝对是爱美的女性日常必备的保健养颜食品。

选购秘诀

黑芝麻以杂质少，颗粒饱满，无蛀虫，不褪色，干燥，气味香者为佳。购买黑芝麻时最好用一点水放在手心，轻轻地搓揉，手上留下异样的颜色就可能是染过色的。好的芝麻尝起来有轻微的甜感，有芝麻香味，不会有任何异味；而劣质芝麻苦味，或有种奇怪的涩味。

保存妙方

生芝麻在保存之前应除去水汽，去杂质后放入干燥的玻璃瓶里保存。

## 紫米

紫米是水稻的一个品种。仅在湖南、陕西汉中、四川、贵州、云南有少量栽培，是较珍贵的水稻品种。它与普通大米的区别，是它的种皮有一薄层紫色物质，有紫糯米或“药谷”之称。

紫米中含有丰富蛋白质、脂肪、赖氨酸、核黄素、硫安素、叶酸等多种维生素，以及铁、锌、钙、磷等人体所需微量元素，是煮食、加工副食品、食疗的佳品。

选购秘诀

选购紫米应选择米粒较大且饱满，颗粒均匀，有米香，无杂质者佳。如果碎粒很多，混有杂质，则表明紫米存放的时间过久。

保存妙方

紫米的保存同大米近似。可在盛有紫米的容器内放几瓣大蒜，防止紫米因久存而生虫。

## 莲子

莲子又称莲实、莲米、水之丹，是睡莲科多年水生草本植物莲的成熟种子。

莲子具有清心醒脾，补脾止泻，养心安神明目、补中养神，止泻固精，益肾涩精止带，滋补元气的功效。莲子善于补五脏不足，通利十二经脉气血，使气血畅而不腐，莲子所含氧化黄心树宁碱对鼻咽癌有抑制作用。莲子还是老少皆宜的滋补品，对于久病、产后或老年体虚者，更是常用营养佳品。

选购秘诀

首先看颜色，漂白过的莲子一眼看上去就是泛白，天然的、没有漂白过的莲子是有点带黄色的；其次是味道，漂过的莲子没有天然的那种淡香味，干的莲子一大把抓起来还是有很浓的香味，但不会像漂白过的那样有点刺鼻；听声音，莲子一定要非常干才可以长时间储藏，很干的莲子一把抓起来有拉拉的响声，很清脆。

保存妙方

鲜莲子比较难保存，比较有效的方法就是放进冰箱急冻，但保存时间也不长。干莲子一定要晒干，晒干后密封放入玻璃瓶内加盖保存，防止受潮和虫蛀。

# 深度解析豆浆八大营养素

豆浆的营养价值非常高，而优质丰富的大豆蛋白是其重要的保障。豆浆有“植物奶”的美誉，自然是老百姓家常餐桌上少不了的大明星，也是人们享受健康的贴心伙伴。豆浆究竟有什么神奇的功效让百姓为之称道呢？

## 蛋白质

豆浆中蛋白质的含量较高，其氨基酸组成接近人体的需要，且组成比例类似动物蛋白质。谷类食物中较为缺乏的赖氨酸在豆类中含量较高，所以将豆类与谷类搭配制成豆浆，可提高膳食中蛋白质的价值。

## 异黄酮

豆浆中大豆异黄酮含量相当高，它具有双向调节女性体内雌激素水平的作用，抗癌特性也十分突出，能阻碍癌细胞的生长和扩散。

大豆异黄酮不仅自身具有抗氧化作用，还可诱导抗氧化酶活性的增高，提高血清低密度脂蛋白的抗氧化性，预防动脉血管壁粥样斑块的形成，同时增加动脉血管的顺应性，扩张血管，保持了心脏动脉血管的畅通无阻，预防心血管疾病的发生。

## 卵磷脂

卵磷脂是豆浆中所含的一种脂肪，是磷质脂肪的一种，也是人体需要的脂类成分之一，希腊语为蛋黄之意，也被称为“天然脑黄金”。

卵磷脂是人体细胞的基本构成成分，对细胞的正常代谢及生命过程具有决定作用。它存在于人体的每个细胞之中，主要是构成细胞膜结构，参与细胞代谢。

脑、肝、心、肾等重要器官中的卵磷脂含量最多，其主要功能是溶解胆固醇、抗动脉粥样硬化；组成细胞膜，使细胞活化；使脑机能活化，预防老年性痴呆。

### 低聚糖

低聚糖是豆浆中所含的可溶性碳水化合物的总称，其主要成分为水苏糖、棉子糖和蔗糖。大豆低聚糖是一种低甜度、低热量的甜味剂，它的保健功能主要包括通便洁肠、促进肠道内双歧杆菌增殖、降低血清胆固醇和保护肝脏等。

### 膳食纤维

膳食纤维主要是指那些不能为人体消化酶所消化的大分子糖类的总称，主要包括纤维素、果胶质、木聚糖、甘露糖等。

由于膳食纤维体积大，可促进肠蠕动、减少食物在肠道中停留的时间，增强消化功能。膳食纤维在大肠内经细菌发酵，吸收大量水分，使大便变软，产生通便作用，可以清洁消化壁，防止便秘。

此外，膳食纤维的生物活性，具有调节血脂、降低胆固醇的作用。

### 不饱和脂肪酸

豆浆中脂肪含量也比较高，但大多是不饱和脂肪酸，它可以调节血脂、促进体内饱和脂肪酸的代谢，防止脂肪沉积在血管壁内，抑制动脉粥样硬化的形成和发展，增强血管的弹性和韧性。

### 矿物质

豆浆中含有钾、钠、钙、镁、铁、锰、锌、铜、磷、硒等十多种矿物质元素，其中钙含量较为丰富，喝不惯牛奶或对牛奶中的乳糖不耐受的人，可以通过喝豆浆来补充钙质。

豆浆中的磷元素，是维持骨骼和牙齿的必要物质，也是使心脏有规律地跳动、维持肾脏正常机能和传达神经刺激的重要物质。

### 皂素

皂素是一种具有防癌、抗衰老、抗氧化作用的物质，它可以提升人体免疫力，并抑制癌细胞成长。皂素能明显抑制癌细胞增殖、直接杀伤癌细胞、降低癌细胞活力及克隆形成能力、干扰肿瘤细胞周期、诱导癌细胞凋亡。这种能起到防癌、抗癌作用的抗癌物质无疑备受欢迎！

# 喝好豆浆健康多多

豆浆的营养保健成分易于人体消化吸收，经常饮用鲜豆浆，有益于人体降糖降脂降压、诱导肠道微生物、促进肠胃蠕动、调节胰岛素水平、健脑益智和增强免疫力，对高血压、冠心病、动脉粥样硬化、糖尿病、骨质疏松等病症有一定的食疗保健作用，并具有补虚润燥、清肺化痰、平补肝肾、防老抗癌、强筋健脾、美容润肤等功效。

## 健脑益智

豆浆中含有大豆卵磷脂，卵磷脂是构成人体细胞膜、脑神经组织、脑髓的主要成分，它是一种含磷类脂体，有很强的健脑作用，也是细胞和细胞膜所必需的原料，并能促进细胞的新生和发育。卵磷脂经消化后，参与合成乙酰胆碱，这是一种人类思维记忆功能中的重要物质，在大脑神经元之间起着相通、传导和联络作用，所以常喝豆浆可以健脑益智。

## 减肥瘦身

由于生活条件的改善，人们过多地食用肉、蛋、奶等富含动物脂肪的产品，会造成内分泌及脂肪代谢失调，从而引起了脂肪的积蓄，导致肥胖。因此，减少动物产品食用量，增加天然植物食品在饮食结构中的比例，是达到健康减肥的必由之路。经常饮用豆浆，可以起到平衡营养，调整内分泌和脂肪代谢系统，激发人体内多种酶的活性，分解多余脂肪，增强肌肉活力的作用。既保证人体有足够的营养，又达到健康减肥的目的。

## 防治心血管疾病

引起心血管疾病的主要原因是血液中的胆固醇含量高。医学研究证明，豆浆的大豆蛋白可降低人体胆固醇含量，而且胆固醇浓度越高，大豆蛋白的降低效果越显著；食用大豆蛋白，可使人们患心血管疾病的危险性降低18%~28%。

除大豆蛋白外，豆浆还含有大豆皂苷、大豆异黄酮、卵磷脂、不饱和脂肪酸等可以有效降低人体胆固醇的物质。

## 抗衰老

豆浆中所含的硒、维生素E和维生素C，有很大的抗氧化功能，能使人体的细胞“返老还童”，特别对脑细胞作用最大，可防治老年痴呆、便秘、肥胖等症。

## 防治肾脏病

研究表明，在肾病患者饮食中用大豆蛋白代替动物蛋白，其效果与完全控制蛋白质的摄入相同，可降低肾脏过滤组织的水压和工作负荷，减少血液中有益成分（如白蛋白）从尿液中流失。

## 降低血压

豆浆中所含的豆固醇、钾、镁，是有力的抗钠物质。钠是高血压发生和复发的主要根源之一，如果体内能适当控制钠的数量，既能预防高血压，又能治疗高血压。

另外，肽原酶对稳定血压起着重要作用。那些具有抑制血管紧张肽原酶活性的物质是目前治疗高血压的首选药物。研究发现，大豆蛋白中含有3个可抑制血管紧张肽原酶活性的短肽片断，因此，豆浆中的大豆蛋白具有抗高血压的潜在功能。

## 预防骨质疏松症

人的骨骼处于高度的新陈代谢中，每天都有一部分钙会随尿液排出体外。科学研究证实，减少尿钙损失比摄入钙更为重要。与优质动物蛋白相比，大豆蛋白造成的尿钙损失较少；当膳食中的蛋白质为动物蛋白质时，每天的尿钙损失达150毫克；而当膳食中的蛋白质为大豆蛋白质时，尿钙损失只有103毫克。另外，大豆异黄酮可抑制骨骼再吸收，促进骨骼健康；富含异黄酮的豆浆可有助于停经过渡期间妇女腰椎的骨质损失。因此，常饮豆浆对防止骨质疏松非常有益。

## 防治糖尿病

豆浆含有大量纤维素，能有效地阻止糖的过量吸收，减少糖分，因而能防治糖尿病，是糖尿病患者日常必不可少的好饮品。注意，在饮用时不要加糖。

## 预防贫血病

膳食中增加优质大豆蛋白的摄入对于降低贫血患病率有重要作用，而且豆浆含有丰富的钙、磷、铁等矿物质及多种维生素，吸收率高，是理想的综合防治贫血的食品。

## 防癌

大豆中至少有5种具有防癌功效的物质，它们是：蛋白酶抑制素、肌醇六磷酸酶、植物固醇、植物皂苷、异黄酮。这些物质中有的具有防止肿瘤形成的作用，有的能够对已形成的肿瘤发挥抑制作用，有的和荷尔蒙等致癌因素相抵消，有的则能将体内的致癌物质去除。经常喝热豆浆，可以降低患乳腺癌、结肠癌和前列腺癌这三种癌症的危险。

# 做出香浓好豆浆

好豆浆有股浓浓的豆香味，浓度高，略凉时表面有一层油皮，口感爽滑；劣质豆浆稀淡，有的使用添加剂和面粉来增强浓度，营养含量低，口感差。要怎样才能制作出好品质的豆浆呢？

## 原料选择是关键

要选择品质好的原料，另外，在磨豆浆前一定要泡豆，这样有利于原料营养的释放和保留。在选择打豆浆的豆子时，应选购颗粒饱满，整齐均匀，洁净而有光泽，脐色呈黄白、淡褐色的豆子。

## 工具是保障

选择豆浆机时主要查看该机器是否具备了智能温度控制、文火熬煮等专利技术。目前市场上存在两种豆浆机，一种是有网型，另一种是无网型。有网型磨出的豆浆细腻，电机的使用时间较长，但不易清洗。无网型磨出的豆浆较粗糙，电机的使用时间较短，但较易清洗。

## 打豆浆先泡豆

和不泡豆相比，把豆子浸泡12小时之后，豆浆的产率可以提高10%，而豆渣的产量有所下降。在12小时之内，泡的时间越长，出浆率就越高。泡豆子有利于组织破碎，可以让豆浆打得更细一些，使其中的营养成分更好地释放出来。从口感来说，自然也是泡过的豆子做出来的豆浆口感更好。

## 把握好泡豆时间

泡豆的时间在12小时之内，随着时间的延长，效果越来越好。但室温在20℃~25℃下，浸泡12小时就可以让大豆充分吸水，再延长泡豆时间并不会获得更好的效果。在夏天温度较高的时候，室温泡12小时可能带来细菌过度繁殖的问题，会让豆浆的风味变差，建议放在冰箱里面泡豆。4℃冰箱泡豆12小时大约相当于室温浸泡8小时的效果。

# 轻松安全喝豆浆

豆浆早已成为人们早餐餐桌上必备食品，豆浆不仅美味，还有养颜美容等功效。喝豆浆也是有讲究的，喝对豆浆有助于身体健康，但若喝法不正确，反而会对身体造成伤害。

## 忌喝未煮熟的豆浆

很多人喜欢买生豆浆回家自己煮熟，在加热时看到泡沫上涌就认为已经煮沸，其实这时豆浆并未煮熟，只是豆浆的有机物质受热膨胀，形成气泡造成的现象。豆浆中含有两种有毒物质，会导致蛋白质代谢障碍，并对胃肠道产生刺激，引起中毒症状。预防豆浆中毒最好的办法就是将豆浆继续煮，直到它在100℃的高温下煮沸腾。

## 忌在豆浆里加鸡蛋

鸡蛋中的黏液性蛋白易和豆浆中的胰蛋白酶结合，会产生一种不能被人体吸收的物质，大大降低人体对营养的吸收。

## 忌冲红糖

豆浆中加红糖喝起来味甜香，但红糖里的有机酸和豆浆中的蛋白质结合后，可产生变性沉淀物，会破坏营养成分。

## 忌装保温瓶

豆浆中有能除掉保温瓶内水垢的物质，在温度适宜的条件下，以豆浆作为养料，瓶内细菌会大量繁殖，经过3~4个小时就能使豆浆酸败变质。

## 忌喝超量

一次喝豆浆过多容易引起蛋白质消化不良，出现腹胀、腹泻等不适症状。

## 忌空腹饮豆浆

空腹饮豆浆，豆浆里的蛋白质大都会在人体内转化为热量而被消耗掉，不能充分起到补益作用。所以，饮豆浆的同时吃些面包、糕点、馒头等淀粉类食品，可使豆浆中蛋白质等在淀粉的作用下，与胃液发生酶解，使营养物质被充分吸收。

## 忌与蜂蜜同食

豆浆蛋白质含量比牛奶还高，而蜂蜜主要含有75%左右葡萄糖和果糖，还含少量有机酸，两者冲兑时，有机酸与蛋白质结合产生变性沉淀，不能被人体吸收。

## 忌与药物同饮

有些药物会破坏豆浆里的营养成分，如四环素、红霉素等抗生素药物。

# 豆浆这样喝更健康

豆浆是中国人传统早餐的主角，口感纯香，老少皆宜。但豆浆的饮用也有讲究，正确饮用，才能把豆浆的健康价值发挥到极致。

## 一、豆浆饮用时间有讲究

豆浆被很多人当做不可替代的黄金早餐，只需晚上泡好豆子，在早上洗漱打扮的空当，香浓豆浆就做好了，而且可以随心搭配多种原料，五谷、坚果、干花……

豆浆是健康饮品，营养价值丰富，饮用时间不受限制，在中午和晚上饮用都可以。但是，豆浆在饭前或饭中喝更健康。饭前喝豆浆，有助减肥，因为豆浆富含膳食纤维，喝完既有饱腹感产生,无形中可减少用餐量。同时，也有助食物的消化吸收。

## 二、饮用量要控制

膳食指南中提及的“每天50克的大豆或豆制品”，作为“植物奶”的豆浆便可以给你提供所应摄取的大豆蛋白及其他养分。

豆浆每日的摄取量，以一到两杯为宜，部分素食者，可适当增加饮用量。豆浆营养价值相当高，但是，也不宜当水喝。

## 三、变着花样喝豆浆

豆浆对很多注重养生瘦身的女性朋友来说可抵得上是一样“尤物”，因为如今的豆浆不光是以原汁原味的经典豆浆取胜，更有花色多样的五谷豆浆、果蔬豆浆来满足养生一族的多重需求。

豆浆变着花样做，每天不重样，体验不一样的口感刺激，同时，也是给生活增添趣味的一种调剂。悉心照料家人的主妇，还可以将自己对家人的关爱融入每天一杯的豆浆中，简单却不乏意义。

## 四、剩余豆浆的处理

很多家庭买到豆浆机之后，发现一次制作的量，往往都喝不完，以至于造成了浪费。那该怎样处理剩余豆浆呢？新鲜的豆浆在常温下只能存放3~4小时，否则会有微生物细菌生成。但是如果密封放置冰箱内，可保存较长时间。具体做法是：将刚煮好的豆浆放置一个密闭容器内，注意预留1/5的空间，等豆浆温度降到接近室温的时候，就可以放到冰箱内保存了。但要注意，因为大豆球蛋白在2℃保藏时产生聚集和沉淀，这并不是变质现象，当温度回升至室温时，它将再次溶解。还有，冰箱不是保鲜箱，冷藏豆浆也需尽快饮完，并且，最好在饮用前做加热处理。

此外，将剩豆浆作为配菜食材也是很好的尝试，如豆浆火锅，豆浆面条，豆浆粥，都有别样的体验。

# 第二章

# 超人气养生豆浆DIY

营养丰富的豆浆，
混合着缕缕清香，
独特香醇的口感，
百变科学的搭配，
让你在饮后回味无穷……
都说豆浆很养人，
接二连三曝光的食品安全事件，
让习惯性在外面买豆浆喝的人们，
也多了一份担忧，
自制豆浆才让人放心。
一起来做这些超人气的豆浆吧。

# 经典原味

经典原味豆浆是最传统、最大众化、最受欢迎的一种豆浆，其制作方法简单，成品口感嫩滑，同时有着天然的豆香味，可让你感受到真正的原汁原味。

## 黄豆豆浆

### 材料

黄豆100克，白糖适量

### 制作步骤

1. 提前将黄豆用清水浸泡约8小时。
2. 将黄豆洗净，倒入豆浆机中，加入适量清水，启动豆浆机，待豆浆机自行搅打、煮熟后，滤出豆渣，去浮沫。
3. 在制作好的豆浆内加入适量白糖，搅拌均匀即可。

**制作叮咛**

不要用保温瓶储存豆浆，因为豆浆中有能除掉保温瓶内水垢的物质，在温度适宜的条件下，以豆浆作为养料，瓶内细菌会大量繁殖，经过3~4小时就会使豆浆酸败变质。

**养生私语**

黄豆豆浆中丰富的植物雌激素可谓天然的雌激素补充剂，富含大豆蛋白、维生素、矿物质以及皂苷、异黄酮、卵磷脂等物质，能帮助女性驻颜美容；最好不要空腹饮豆浆，因为豆浆中的蛋白质大都会在人体内转化为热量而被消化掉，营养成分不能被充分吸收；此款豆浆不适宜虚寒体质者。

豆香浓郁，
入喉爽滑。

# 绿豆豆浆

**材料**

绿豆80克，白糖少许

**制作步骤**

1. 提前将绿豆用清水浸泡约8小时后，洗净。
2. 将绿豆倒入豆浆机内，加入适量清水，开启豆浆机，待豆浆机自行搅打、煮熟后，滤出豆渣，去浮沫。
3. 在制作好的豆浆内加入适量白糖，搅拌均匀即可。

**·制作叮咛·**

如果爱吃甜食，用冰糖替代白糖味道更好，且无豆腥味。

**养生私语**

绿豆浆有清热解毒、止渴利尿之功，但在较干燥的秋、冬季节不适宜经常饮用；此款豆浆不适宜脾胃虚弱者、慢性胃肠炎、慢性肝炎和甲状腺机能低下者。

# 青豆豆浆

**材料**

青豆 80 克，白糖适量

**制作步骤**

1. 提前将青豆用清水浸泡约 8 小时后，洗净。
2. 将青豆倒入豆浆机内，加入适量清水，开启豆浆机，待豆浆机自行搅打、煮熟后，滤出豆渣，去浮沫。
3. 在制作好的豆浆内加入适量白糖，搅拌均匀即可。

**·制作叮咛·**

这款豆浆有着豆类本身的清香味，不喜食白糖者可不加白糖，直接饮用即可。

**养生私语**

青豆豆浆中含有丰富的蛋白质，还含人体必需的多种氨基酸，常喝对人体健康非常有益。

# 黑豆豆浆

材料

黑豆100克，白糖适量

制作步骤

1. 提前将黑豆用清水浸泡约8小时。
2. 将黑豆洗净，倒入豆浆机中，加入适量清水，启动豆浆机，待豆浆机自行搅打、煮熟后，滤出豆渣，去浮沫。
3. 在制作好的豆浆内加入适量白糖，搅拌均匀即可。

·制作叮咛·

豆浆中可以加白糖、冰糖，但切忌加红糖，虽然加红糖后喝起来更香甜，但红糖里的有机酸和豆浆中的蛋白质结合后，可产生变性沉淀物，会破坏其营养成分。

养生私语

常喝黑豆豆浆能软化血管、滋润皮肤、延缓衰老，特别是对防治高血压症、心脏病，以及肝脏等方面的疾病有很大的好处。

# 豌豆豆浆

**材料**

豌豆100克，冰糖适量

**制作步骤**

1. 提前将豌豆用清水浸泡约8小时后，洗净。
2. 将豌豆倒入豆浆机内，加入适量清水，开启豆浆机，待豆浆机自行搅打、煮熟后，滤出豆渣，去浮沫。
3. 在制作好的豆浆内加入适量冰糖，搅拌均匀即可。

**·制作叮咛·**

此款豆浆冷藏后饮用风味更佳；不喜欢食甜品者，可将冰糖换成少许盐，口味一样好。

**养生私语**

豌豆豆浆中所含的胆碱、蛋氨酸有助于防止动脉硬化，预防老年人易发的心血管疾病，但其易令人腹胀，所以，消化不良者和慢性胰腺炎患者忌饮这款豆浆，糖尿病患者也要慎饮。

# 红豆豆浆

**材料**

红豆80克，白糖少许

**制作步骤**

1. 提前将红豆用清水浸泡约8小时后，洗净。
2. 将红豆倒入豆浆机内，加入适量清水，开启豆浆机，待豆浆机自行搅打、煮熟后，滤出豆渣，去浮沫。
3. 在制作好的豆浆内加入适量白糖，搅拌均匀即可。

**·制作叮咛·**

这款豆浆也可不过滤豆渣，直接饮用，并不会影响口感；还可用冰糖代替白糖，风味一样美。

**养生私语**

红豆豆浆有益气补血的作用，具有很好的润燥养颜的功效。另外，红豆豆浆含有较多的皂苷，可刺激肠道，有良好的利尿作用，能解酒、解毒，对心脏病和肾病、水肿有益。

## 营养搭配

除了原汁原味的豆浆外，豆浆还有很多花样营养搭配，也备受大众的欢迎。如杂粮、坚果等都可成为豆浆的配料，不同的组合可制作出养生功效不同的各色保健豆浆。

# 黄豆杏仁豆浆

**材料**

黄豆 60 克，杏仁 30 克

**制作步骤**

1. 提前将黄豆用清水浸，洗净。
2. 将黄豆、杏仁一同倒入豆浆机中，加入适量清水，启动豆浆机，待豆浆机自行搅打、煮熟后，滤出豆渣，去浮沫即可。

**制作叮咛**

如果觉得泡豆子麻烦，也可用干黄豆来制作此款豆浆，但记住要在按键时选择“干豆豆浆”启动程序，且成品的口感会差一些。

**养生私语**

此款豆浆中维生素 E 含量丰富，具有调节非特异性免疫功能的作用，可增强人体的抵抗力。此外，还有预防呼吸道疾病的作用。

# 黄豆花生豆浆

材料

黄豆 50 克，花生仁 20 克

制作步骤

1. 提前将黄豆用清水浸泡约 8 小时，花生仁洗净。
2. 将黄豆、花生仁一同倒入豆浆机中，加入适量清水，启动豆浆机，待豆浆煮熟后，滤出豆渣，去浮沫即可。

• 制作叮咛 •

豆浆机搅打程序结束后，一定要先关掉电源，再将机头从豆浆机杯子里拿出。

养生私语

此款豆浆有补血益气、滋阴润肺的功效，适用于体虚瘦弱、大病初愈者养生保健。

# 黄豆玉米豆浆

## 材料

黄豆 70 克，嫩玉米粒 30 克，白糖适量

## 制作步骤

1. 提前将黄豆用清水浸泡约 8 小时，再洗净；嫩玉米粒洗净。
2. 将黄豆、嫩玉米粒一同放入豆浆机中，加入适量清水，启动豆浆机，待豆浆机自行搅打、煮熟后，滤出豆渣，去浮沫。
3. 在豆浆中加入适量白糖搅拌均匀即可。

**养生私语**

此款豆浆中含有丰富的卵磷脂和植物蛋白，可养颜补血，特别适合女性经常饮用。

且玉米中含有一种抗癌因子——谷胱甘肽，这种物质中含有一种抗氧化作用的硒，它的抗氧化作用比维生素 E 强 500 倍。因此，它可以防止致癌物质在体内的形成。

# 黄豆小麦豆浆

**材料**

黄豆、小麦仁各40克，白糖适量

**制作步骤**

1. 提前将黄豆、小麦仁分别泡好，再洗净。
2. 将黄豆、小麦仁一同倒入豆浆机中，加入适量清水，启动豆浆机，待豆浆机自行搅打、煮熟后，滤出豆渣，去浮沫。
3. 在豆浆中加入适量白糖搅拌均匀即可。

**·制作叮咛·**

豆浆一定要煮熟，因为生豆浆中含有皂素、胰蛋白酶抑制物等有害物质，未煮熟就饮用，会发生恶心、呕吐、腹泻等中毒症状。

**养生私语**

此款豆浆富含蛋白质、胡萝卜素、磷、镁、钾、锌等，有降低胆固醇以及预防高血压症、冠心病、细胞衰老及脑功能退化等效果，并有抗血管硬化的作用。

# 黄豆玉米小米豆浆

## 材料

黄豆 40 克，玉米粒、小米各 30 克，白糖适量

## 制作步骤

1. 提前将黄豆用清水浸泡，再洗净；玉米粒、小米分别淘洗干净。
2. 将泡好的黄豆与玉米粒、小米一同倒入豆浆机中，加入适量清水，启动豆浆机，待豆浆机自行搅打、煮熟后，滤出豆渣，去浮沫。
3. 在豆浆中加入适量白糖搅拌均匀即可。

### 制作叮咛

也可将玉米粒和小米提前浸泡数小时，制作用时会更短。

### 养生私语

此款豆浆可健脾和胃，利水通淋，益肺宁心。对老年人久病后脾胃亏虚者效果甚佳。

# 黑豆大米豆浆

材料

黑豆 70 克，大米 20 克，白糖适量

制作步骤

1. 预先将黑豆用清水浸泡，再洗净；大米淘洗干净。
2. 将黑豆、大米一同放入豆浆机中，加入适量清水，启动豆浆机，待豆浆机自行搅打、煮熟后，滤出豆渣，去浮沫。
3. 在豆浆中加入适量白糖搅拌均匀即可。

制作叮咛

若用干豆来制作此款豆浆，则在启动豆浆机程序时，要选择“干豆豆浆”按键。

养生私语

此款豆浆中含有花青素，是很好的抗氧化剂来源，能清除体内自由基，尤其是在胃的酸性环境下，抗氧化效果好，可养颜美容，增加肠胃蠕动。

# 红豆小米豆浆

## 材料

红豆 60 克，小米 20 克，白糖适量

## 制作步骤

1. 提前将红豆、小米分别用清水浸泡，再洗净。
2. 将红豆、小米一同放入豆浆机中，加入适量清水，启动豆浆机，待豆浆机自行搅打、煮熟后，滤出豆渣，去浮沫。
3. 在豆浆中加入适量白糖搅拌均匀即可。

**制作叮咛**

此款豆浆不加糖味道也很好，不喜食甜品者，可不必加糖。

**养生私语**

此款豆浆中，红豆与小米两种食物营养互补，不仅利于消化吸收，还有安神助眠的作用。

# 绿豆薏米豆浆

**材料**

绿豆 50 克，薏米 30 克，白糖适量

**制作步骤**

1. 提前将绿豆、薏米分别用清水浸泡约 8 小时，再洗净。
2. 将绿豆、薏米一同倒入豆浆机中，加入适量清水，启动豆浆机，待豆浆机自行搅打、煮熟后，滤出豆渣，去浮沫。
3. 在豆浆中加入白糖搅拌均匀即可。

**制作叮咛**

制作此款豆浆时，绿豆与薏米的量没有特殊规定，大家可根据自己的口味进行调整。

**养生私语**

此款豆浆中的绿豆、薏米都具有利水消肿、健脾宜胃的作用。经常饮用此款豆浆，可有减肥的功效，美味又不伤身体。

# 第三章

# 五色豆浆养五脏

不同颜色的食物可以治疗不同的疾病。
《黄帝内经》根据五行学说，
把五色五味与自然界众多的事物、属性联系起来。
中医的养生讲究五色五味入五脏，
红入心、绿入肝、黄入脾、黑入肾、白入肺。
根据自身身体状况需求，
对应增补、合理调节，
可达到防病、健身、祛病、延年益寿之目的。
我们常说“过犹不及”，
所以在选择食物时，
必须五味调和，
这样才有利于健康。

**护心**

按照中医五行学说，红色为火，可入心、入血，具有益气补血和促进血液、淋巴液生成的作用。在豆类中，红豆性平，补心脏，有清热解毒、健脾益胃、利尿消肿等功效。

# 干果养心豆浆

## 材料

红豆40克，核桃仁、杏仁、板栗各20克

## 制作步骤

1. 提前将红豆用清水浸泡约8小时，再洗净。
2. 将红豆、核桃仁、杏仁、板栗一同倒入豆浆机中，加入适量清水，启动豆浆机，待豆浆机自行搅打、煮熟后，滤出豆渣，去除浮沫即可。

**·制作叮咛·**

核桃仁油脂含量高，吃多了会令人上火，因此，在制作豆浆中要酌情加入。

**养生私语**

此款豆浆中所含的矿物质很全面，有钾、镁、铁、锌、锰等，且所含的不饱和脂肪酸和维生素也非常丰富，是防治心脏病、延年益寿的滋补佳品。

# 玉米葡萄干豆浆

**材料**

红豆、玉米各 35 克，葡萄干 20 克

**制作步骤**

1. 提前将红豆用清水浸泡约 8 小时，再洗净；嫩玉米粒、葡萄干均洗净。
2. 将红豆、嫩玉米粒、葡萄干一同倒入豆浆机中，加入适量清水，启动豆浆机，待豆浆机自行搅打、煮熟后，不用滤渣，直接饮用即可。

**• 制作叮咛 •**

葡萄干一定要一同放入豆浆机中搅打，这样会更利于营养吸收。

**养生私语**

玉米中含有大量的营养保健物质，如碳水化合物、蛋白质、脂肪、胡萝卜素、核黄素、维生素等，这些物质对预防心脏病、癌症等疾病有很大的好处；葡萄干中的纤维能防止果糖在血液中转化成三酸甘油酯，从而降低罹患心脏病的危险。

# 红豆燕麦豆浆

**材料**

红豆50克，燕麦30克

**制作步骤**

1. 提前将红豆用清水浸泡约8小时，再洗净。
2. 将红豆、燕麦一同倒入豆浆机中，加入适量清水，启动豆浆机，待豆浆机自行搅打、煮熟后，不用滤渣，直接饮用即可。

**•制作叮咛•**

红豆在制作豆浆之前，一定要泡透，并在浸泡时要多换水，以去掉其中的抑芽素等有害物质。

**养生私语**

此款豆浆中含有较多的皂苷、膳食纤维、可溶性纤维，可以降低患心脏病风险，促进心脏健康的同时，还可以帮助增强人体抵抗力。

# 红豆百合豆浆

**材料**

红豆 70 克，百合 30 克

**制作步骤**

1. 提前将红豆用清水浸泡约 8 小时，再洗净；百合掰成片，洗净。
2. 将红豆、百合一同倒入豆浆机中，加入适量清水，启动豆浆机，待豆浆机自行搅打、煮熟后，不用滤渣，直接饮用即可。

**•制作叮咛•**

不要加入过多百合，因为料太多，豆浆则无法煮熟。

**养生私语**

此款豆浆中含有蛋白质、脂肪、糖类、B 族维生素、钾、铁、磷等营养成分，能促进心脏血管的活化，起到保护心脏的作用。

# 红枣枸杞豆浆

**材料**

红豆 50 克，枸杞 15 克，红枣适量

**制作步骤**

1. 提前将红豆用清水浸泡约8小时，再洗净；红枣去核、洗净；枸杞洗净，用清水浸泡。
2. 将红豆、红枣、枸杞及泡枸杞的清水一同倒入豆浆机中，启动豆浆机，待豆浆机自行搅打、煮熟后，滤出豆渣，去除浮沫即可。

**•制作叮咛•**

可将红枣提前蒸一下再去核，虽然增加了制作时间，但制成的豆浆口感会更均匀细腻。

**养生私语**

红色为补心之物，此款豆浆中的食材营养丰富，有良好的利尿作用，能解酒、解毒，对心脏病和水肿等均有一定的疗效。

# 玉米银耳枸杞豆浆

**材料**

红豆40克，嫩玉米粒20克，枸杞10克，银耳适量

**制作步骤**

1. 提前将红豆用清水浸泡约8小时，再洗净；嫩玉米粒洗净；银耳泡发、洗净；枸杞洗净，用清水浸泡。
2. 将红豆、嫩玉米粒、银耳、枸杞及泡枸杞的清水一同倒入豆浆机中，启动豆浆机，待豆浆机自行搅打、煮熟后，不用滤渣，直接饮用即可。

**养生私语**

此款豆浆含有丰富的蛋白质、脂肪、钙、硫、磷、铁、镁、钾、钠、维生素B，并含木糖、岩藻糖、甘露糖、葡萄糖醛酸、葡萄糖等抗肿瘤多糖等，具有润肺止咳、补肾健脑等功效。经常饮用，可增强人体免疫力，具减肥美容的作用。

## 益肝

绿色入肝，多食绿色食品具有舒肝强肝的功能，是人体“排毒剂”，能起到调节脾胃消化吸收的作用。在豆类中，绿豆的功效是性味甘凉、清热解毒、补肝脏。

# 绿豆黑米豆浆

**材料**

绿豆、黑米各40克

**制作步骤**

1. 提前将绿豆、黑米分别用清水浸泡约8小时，再洗净。
2. 将绿豆、黑米一同倒入豆浆机中，加入适量清水，启动豆浆机，待豆浆机自行搅打、煮熟后，滤出豆渣，去除浮沫即可。

**制作叮咛**

此款豆浆中的材料分量可根据自己的口味，可适当进行调整。

**养生私语**

此款豆浆中的黑米营养丰富，可健脾暖肝，明目活血，绿豆则可降低胆固醇，有保肝和抗过敏作用。将两者一同制成豆浆，常饮可保护肝脏。

# 绿豆苹果豆浆

**材料**

绿豆 50 克，苹果 30 克

**制作步骤**

1. 提前将绿豆用清水浸泡约 8 小时，再洗净；苹果去皮，洗净，切小丁。
2. 将绿豆、苹果一同倒入豆浆机中，加入适量清水，启动豆浆机，待豆浆机自行搅打、煮熟后，滤出豆渣，去除浮沫即可。

**•制作叮咛•**

制作此款豆浆时，将苹果皮去掉口感会比较好。

**养生私语**

此款豆浆中含有丰富的蛋白质、脂肪、碳水化合物、维生素、胡萝卜素等成分，对健康有益，其中所含的胰蛋白酶抑制剂，可以保护肝脏，减少蛋白分解，减少氮质血症，起到保肝护肝的作用。

# 绿豆山楂米豆浆

**材料**

绿豆40克，大米20克，山楂15克

**制作步骤**

1. 提前将绿豆用清水浸泡约8小时，再洗净；山楂干洗净，用清水泡软后去子；大米淘洗干净。
2. 将绿豆、大米、山楂及泡山楂的清水一同倒入豆浆机中，启动豆浆机，待豆浆机自行搅打、煮熟后，滤出豆渣，去除浮沫即可。

**•制作叮咛•**

这款豆浆对脂肪肝患者有益，但要注意，在制作时不要加糖，以免造成热量摄入过多，对脂肪肝病情不利。

**养生私语**

此款豆浆入胃后，可增强酶的作用，有助于胆固醇转化，其中的熊果酸，能降低动物脂肪在血管壁的沉积，所以，对于"脂肪肝"或是肥胖者来说，常饮此款豆浆，可以消食去脂，是很好的保肝饮品。

# 五豆红枣豆浆

**材料**

黄豆30克，绿豆、黑豆、豌豆、花生仁各10克，红枣15克

**制作步骤**

1. 提前将黄豆、绿豆、黑豆、豌豆分别用清水浸泡约8小时，再洗净；花生仁洗净；红枣去核、洗净。
2. 将黄豆、绿豆、黑豆、豌豆、花生仁、红枣一同倒入豆浆机中，加入适量清水，启动豆浆机，待豆浆机自行搅打、煮熟后，滤出豆渣，去除浮沫即可。

**•制作叮咛•**

此款豆浆所用材料多，制作时，要注意把握好各材料的分量。

**养生私语**

此款豆浆富含多种营养成分，可补虚益气、保护肝脏。

# 绿豆小米豆浆

材料↘

绿豆50克，小米30克，红枣15克

制作步骤↘

1. 提前将绿豆、小米分别用清水浸泡约8小时，再洗净；红枣去核、洗净。
2. 将绿豆、小米、红枣一同倒入豆浆机中，加入适量清水，启动豆浆机，待豆浆机自行搅打、煮熟后，滤出豆渣，去除浮沫即可。

•制作叮咛•

要记住豆类的浸泡时间随着季节的变化而不同，夏季约6小时，春、秋季约8小时，冬季约9小时。

养生私语

这款豆浆可提高人体免疫力，能促进白细胞的生成，降低血清胆固醇，提高血清白蛋白，保护肝脏。此外，红枣中还含有抑制癌细胞，甚至可使癌细胞向正常细胞转化的物质。

## 健脾胃

黄色为土，黄色食物摄入后，其营养物质主要集中在脾胃区域，常食对脾胃大有裨益。在豆类中，黄豆性微寒，具有活血通便、解毒祛风热、益气补脾的功效。

# 黄米糯米豆浆

材料↘

黄豆 50 克，黄米、糯米各 15 克

制作步骤↘

1. 提前将黄豆用清水浸泡约 8 小时，再洗净；黄米、糯米分别淘洗干净。
2. 将黄豆、黄米、糯米一同倒入豆浆机中，加入适量清水，启动豆浆机，待豆浆机自行搅打、煮熟后，滤出豆渣，去除浮沫即可。

**•制作叮咛•**

制作时，也可用温水浸泡豆类，以缩短浸泡时间。

**养生私语**

此款豆浆中含有蛋白质、脂肪、糖类、钙、磷、铁、维生素 $B_1$、维生素 $B_2$、烟酸及淀粉等成分，营养丰富，具有补中益气，健脾养胃，止虚汗之功效，对食欲不佳、腹胀腹泻有一定缓解作用。

# 南瓜山药豆浆

**材料**

黄豆 50 克，南瓜、山药各 20 克

**制作步骤**

1. 提前将黄豆用清水浸泡约 8 小时，再洗净；南瓜去皮，洗净，切小丁；山药去皮，洗净，切小丁。
2. 将黄豆、南瓜、山药一同倒入豆浆机中，加入适量清水，启动豆浆机，待豆浆机自行搅打、煮熟后，滤出豆渣，去除浮沫。
3. 在豆浆中加入适量白糖搅拌均匀即可。

**•制作叮咛•**

山药切好后，如不马上制作，则需要放入清水中浸泡，以免氧化变色。

**养生私语**

南瓜可润五脏、补气血，特别适合脾胃虚弱的人食用；山药含蛋白质、维生素、脂肪等营养成分，还含碘、钙、铁、磷等人体不可缺少的无机盐和微量元素，是人体滋补的佳品，具有补脾养胃的功效。

# 山药青黄豆浆

**材料**

黄豆、青豆各30克，山药40克，糯米15克，白糖适量

**制作步骤**

1. 提前将黄豆、青豆分别用清水浸泡约8小时，再洗净；山药去皮，洗净，切小丁；糯米淘洗干净。
2. 将黄豆、青豆、糯米、山药一同倒入豆浆机中，加入适量清水，启动豆浆机，待豆浆机自行搅打、煮熟后，滤出豆渣，去除浮沫。
3. 在豆浆中加入适量白糖搅拌均匀即可。

**•制作叮咛•**

制作时要注意各食材的比例，糯米不宜加入过多，否则会影响成品口感。

**养生私语**

糯米的主要功能是温补脾胃。所以一些脾胃气虚、常常腹泻的人吃了，能起到很好的治疗效果。山药有健脾、除湿、补气、益肺、固肾的功效，山药含有可溶性纤维，能推迟胃内食物的排空，控制饭后血糖升高。

# 高粱红枣豆浆

**材料**

黄豆60克，高粱米、红枣各15克

**制作步骤**

1. 提前将黄豆用清水浸泡约8小时，再洗净；高粱米淘洗净；红枣去核、洗净。
2. 将黄豆、高粱米、红枣一同倒入豆浆机中，加入适量清水，启动豆浆机，待豆浆机自行搅打、煮熟后，滤出豆渣，去除浮沫即可。

**·制作叮咛·**

可将黄豆、高粱米一同浸泡，以节省制作时间。

**养生私语**

红枣可补气血、养容颜，与高粱米共同榨浆，具有益脾健胃、养血安神、助消化的作用。

# 补肾

五行中黑色主水，入肾，因此，常食黑色食物可补肾。在豆类中，黑豆性平，具有调中益气，活血解毒，治消胀，下气利水的功效，故常食黑豆利于补肾脏。

## 三黑豆浆

**材料**

黑豆50克，黑米20克，黑芝麻10克，核桃仁15克

**制作步骤**

1. 提前将黑豆用清水浸泡约8小时，再洗净；黑米、黑芝麻分别淘洗净。
2. 将黑豆、黑芝麻、黑米、核桃仁一同倒入豆浆机中，加入适量清水，启动豆浆机，待豆浆机自行搅打、煮熟后，滤出豆渣，去除浮沫即可。

**·制作叮咛·**

将黑豆浸泡后再制作豆浆，其口感更柔和。

**养生私语**

此款豆浆中黑豆、黑芝麻、黑米均是滋补肾脏的优良食材，核桃也是健脑补肾的食物，将它们一同制成豆浆，其中的蛋白质、矿物质、微量元素等营养成分更加丰富，是补肾佳品。

# 黑豆花生豆浆

**材料**

黑豆50克，花生仁30克，白糖适量

**制作步骤**

1. 提前将黑豆用清水浸泡约8小时，再洗净；花生仁洗净。
2. 将黑豆、花生仁一同倒入豆浆机中，加入适量清水，启动豆浆机，待豆浆机自行搅打、煮熟后，滤出豆渣，去除浮沫。
3. 在豆浆中加入适量白糖搅匀即可。

**•制作叮咛•**

花生仁不宜去红衣，因为花生衣有促进骨髓制造血小板的功能，还有加强毛细血管收缩以及调节凝血因子缺陷的作用，营养价值较高。

**养生私语**

黑豆具有补肝肾、强筋骨、暖肠胃、明目活血、利水解毒的作用，与滋养补益的花生一同制成豆浆，经常饮用，可健脾胃、延年益寿。

# 栗子燕麦豆浆

**材料**

黑豆 50 克，板栗 25 克，燕麦 20 克，白糖适量

**制作步骤**

1. 提前将黑豆用清水浸泡，一般夏季约 6 小时，春秋季约 8 小时，冬季约 8 小时，再洗净；板栗去壳、去皮，洗净，切小粒。
2. 将黑豆、板栗、燕麦一同倒入豆浆机中，加入适量清水，启动豆浆机，待豆浆机自行搅打、煮熟后，滤出豆渣，去除浮沫。
3. 在豆浆中加入适量白糖搅匀即可。

**·制作叮咛·**

生栗子洗净后放入盆中，加精盐少许，用滚沸的开水浸没，盖锅盖。5 分钟后，取出栗子切开，栗皮即随栗子壳一起脱落。

**养生私语**

此款豆浆可润肠胃，补肾气，怯寒，维持牙齿、骨骼、血管肌肉的正常功用，经常饮用，可以预防和治疗腰腿酸软，筋骨疼痛，乏力等，延缓人体衰老，是一款理想的保健饮品。

# 双黑葡萄干豆浆

## 材料

黑豆50克，黑米20克，葡萄干15克，白糖适量

## 制作步骤

1. 提前将黑豆用清水浸泡约8小时，再洗净；黑米淘洗干净；葡萄干洗净。
2. 将黑豆、黑米、葡萄干一同倒入豆浆机中，加入适量清水，启动豆浆机，待豆浆机自行搅打、煮熟后，滤出豆渣，去除浮沫。
3. 在豆浆中加入适量白糖搅匀即可。

**•制作叮咛•**

制作前可将黑米与黑豆一同洗净、浸泡，再将浸泡用的水一同制成豆浆，以保存其中的营养成分。

**养生私语**

此款豆浆所含营养成分丰富，具有滋阴补肾、健脾暖肝、补益脾胃、益气活血等功效。

# 板栗大米豆浆

## 材料

黄豆 50 克，大米、板栗各 20 克，白糖适量

## 制作步骤

1. 提前将黄豆用清水浸泡约 8 小时，再洗净；大米淘洗干净；板栗去壳、去皮，洗净。
2. 将黄豆、大米、板栗一同倒入豆浆机中，加入适量清水，启动豆浆机，待豆浆机自行搅打、煮熟后，滤去豆渣，去除浮沫。
3. 在豆浆中加入适量白糖搅匀即可。

**•制作叮咛•**

豆类的浸泡时间应根据季节的变化而变化，一般夏季约 6 小时，春秋季约 8 小时，冬季约 8 小时。

**养生私语**

此款豆浆能补脾健胃、补肾强筋、活血止血，对肾虚有良好的疗效，特别是配合治疗老年肾虚、大便溏泻更为适宜，经常食用有强身愈病的功能。

# 糯米黑豆浆

**材料**

黑豆 60 克，糯米 20 克，白糖适量

**制作步骤**

1. 提前将黑豆用清水浸泡约 8 小时，再洗净；糯米淘洗干净。
2. 将黑豆、糯米一同倒入豆浆机中，加入适量清水，启动豆浆机，待豆浆机自行搅打、煮熟后，滤出豆渣，去除浮沫。
3. 在豆浆中加入适量白糖搅匀即可。

**• 制作叮咛 •**

如果用干豆来制作此款豆浆，在启动豆浆机时，要选择“干豆”按键。

**养生私语**

此款豆浆营养全面，含有丰富的蛋白质、维生素、矿物质、烟酸、淀粉等，具有补中益气、活血利水、益肝肾之阴的作用。

# 芝麻黑米豆浆

材料↘

黄豆40克，黑米30克，黑芝麻15克，白糖适量

制作步骤↘

1. 提前将黄豆用清水浸泡约8小时，再洗净；黑米、黑芝麻均淘洗干净。
2. 将黄豆、黑米、黑芝麻一同倒入豆浆机中，加入适量清水，启动豆浆机，待豆浆机自行搅打、煮熟后，滤出豆渣，去除浮沫。
3. 在豆浆中加入适量白糖搅匀即可。

•制作叮咛•

此款豆浆中只宜少量加入白糖。

养生私语

黑米具有滋阴补肾的功效，而黄豆中的大豆异黄酮也具有保护肾脏的作用，再搭配补肝肾、益精血的黑芝麻，三者一同制成豆浆，可起到滋补肝肾、润肠通便的效用。

**润肺**

白色在五行中属金，入肺，利于益气。在豆类中，白芸豆性平，有理中益气、补肺脏、生精髓、止消渴的功效。此外，常食白果、梨子、百合等白色食物对肺脏亦大有好处。

# 双豆莲子豆浆

## 材料

黄豆、白芸豆各30克，莲子20克，冰糖适量

## 制作步骤

1. 提前将黄豆、白芸豆分别用清水浸泡约8小时，再洗净；莲子洗净，加清水泡软、去芯。
2. 将黄豆、白芸豆、莲子一同倒入豆浆机中，加入适量清水，启动豆浆机，待豆浆机自行搅打、煮熟后，滤出豆渣，去除浮沫。
3. 在豆浆中加入适量冰糖拌匀即可。

**•制作叮咛•**

莲子芯有苦味，一定要去除干净，否则会影响成品的口感。

**养生私语**

此款豆浆中的食材均有滋阴润肺的功效，三者搭配制成豆浆，其滋补效果加倍。

# 雪梨大米豆浆

## 材料

白芸豆 40 克，大米 15 克，雪梨 20 克，冰糖适量

## 制作步骤

1. 提前将白芸豆用清水浸泡约 8 小时，再洗净；大米淘洗干净；雪梨洗净，切小丁。
2. 将白芸豆、大米、雪梨一同倒入豆浆机中，加入适量清水，启动豆浆机，待豆浆机自行搅打、煮熟后，滤出豆渣，去除浮沫。
3. 在豆浆中加入**适量冰糖拌匀即可**。

**•制作叮咛•**

冰糖的加入会增加此款豆浆的效用，因此不可用白糖来代替。

**养生私语**

此款豆浆中富含的苹果酸、柠檬酸、维生素 $B_1$、维生素 $B_2$、胡萝卜素等，具有润肺生津、清热化痰之功效。

# 冰糖白果豆浆

**材料**

白芸豆60克，白果10克，冰糖适量

**制作步骤**

1. 提前将白芸豆用清水浸泡约8小时，再洗净；白果去皮、捣碎。
2. 将白芸豆、白果一同倒入豆浆机中，加入适量清水，启动豆浆机，待豆浆机自行搅打、煮熟后，滤出豆渣，去除浮沫。
3. 在豆浆中加入适量冰糖拌匀即可。

**•制作叮咛•**

白果入豆浆机内搅打时，应多放些冰糖，因为白果有点苦味。一次性不能放太多的白果，最多不能超过10粒，白果中含有少量氰化物，食用过量会中毒。

**养生私语**

此款豆浆中含有多种营养元素，除淀粉、蛋白质、脂肪、糖类之外，还含有维生素、核黄素、钙、磷等微量元素，以及银杏酸、白果酚、脂固醇等成分，具有益肺气、治咳喘等食疗效果。

# 第四章

# 不同人群，豆浆有别

豆浆是大众喜爱的饮品，
也是一种老少皆宜的营养食品，
在欧美享有“植物奶”的美誉。
但是，
通过不同材料搭配的豆浆，
含有的营养成分也不尽相同，
因此，
不同的豆浆适合于不同的人群饮用，
儿童需要长高，
老年人需要增强体质，
女人需要美容养颜……
经常饮用鲜豆浆，
可平衡人体营养，
调节内分泌和脂肪代谢系统，
激发人体内多种酶的活性，
一方面分解多余脂肪，
另一方面又可增强肌肉的活力，
既保证了人体有足够的营养，
又达到了健康减肥的作用。

# 儿童成长豆浆

儿童时期是人生长发育的关键时期，在这一时期，全面、均衡的膳食居于重要的地位。豆浆是富含营养的饮品，其对营养不良、缺钙、贫血等病症都有一定的预防和食疗作用。

## 核桃仁芝麻豆浆

**材料**

黄豆60克，核桃仁15克，黑芝麻10克

**制作步骤**

1. 提前将黄豆用清水浸泡约8小时，再洗净；黑芝麻淘洗净。
2. 将黄豆、核桃仁、黑芝麻一同倒入豆浆机中，加入适量清水，启动豆浆机，待豆浆机自行搅打、煮熟后，滤出豆渣，去除浮沫即可。

**养生私语**

此款豆浆中富含不饱和脂肪酸、植物蛋白、磷脂、赖氨酸及多种维生素以及微量元素，对提高儿童抵抗力有着重要作用，而且，核桃还是益智健脑的食物。

# 胡萝卜菠菜豆浆

**材料**

黄豆 50 克，胡萝卜、菠菜各 20 克

**制作步骤**

1. 提前将黄豆用清水浸泡约 8 小时，再洗净；胡萝卜去皮、洗净，切小丁；菠菜洗净，焯水后捞出。
2. 将黄豆、胡萝卜、菠菜一同倒入豆浆机中，加入适量清水，启动豆浆机，待豆浆机自行搅打、煮熟后，滤出豆渣，去除浮沫即可。

**•制作叮咛•**

菠菜焯水可去除菠菜中的草酸，防止其在体内与钙结合，形成草酸钙沉淀。

**养生私语**

此款豆浆中富含能在人体内转变成维生素 A 的胡萝卜素，具有促进儿童生长发育、保护眼睛、抵抗传染病的功效，能提高儿童的免疫能力。

# 荸荠银耳豆浆

**材料**

黄豆50克，荸荠20克，银耳、冰糖各适量

**制作步骤**

1. 提前将黄豆用清水浸泡约8小时，再洗净；荸荠去皮、洗净，切小粒；银耳泡发、去蒂，洗净。
2. 将黄豆、荸荠、银耳一同倒入豆浆机中，加入适量清水，启动豆浆机，待豆浆机自行搅打、煮熟后，滤出豆渣，去除浮沫。
3. 在豆浆中加入适量冰糖搅拌均匀即可。

**养生私语**

此款豆浆中的磷含量丰富，可促进人体生长发育和维持生理功能的需要，对牙齿骨骼的发育有很大好处，同时，还可促进体内的糖、脂肪、蛋白质三大物质的代谢，调节酸碱平衡，非常适合儿童饮用。

# 小麦豌豆豆浆

**材料**

豌豆 50 克，小麦仁 20 克，白糖适量

**制作步骤**

1. 提前将豌豆、小麦仁分别用清水浸泡约 8 小时，再洗净。
2. 将豌豆、小麦仁一同倒入豆浆机中，加入适量清水，启动豆浆机，待豆浆机自行搅打、煮熟后，滤出豆渣，去除浮沫。
3. 在豆浆中加入适量白糖搅拌均匀即可。

**•制作叮咛•**

小麦仁就是将小麦脱皮后的麦子仁。因此在打豆浆的时候应按下五谷杂粮键来搅打，否则豆渣多，豆浆口感不细腻。

**养生私语**

此款豆浆中富含儿童成长所需的各种营养物质，尤其是含有优质蛋白质，可以提高儿童的免疫能力。

# 虾皮紫菜豆浆

**材料**

黄豆 50 克，虾皮、紫菜各适量

**制作步骤**

1. 提前将黄豆用清水浸泡约 8 小时，再洗净；紫菜、虾皮均洗净。
2. 将备好的材料一同倒入豆浆机中，加入适量清水，启动豆浆机，待豆浆机自行搅打、煮熟后，滤出豆渣，去除浮沫即可。

**·制作叮咛·**

虾皮打之前一定要洗干净，否则会太咸，虾皮晾晒过程中会沾染很多细菌、螨虫、沙子之类的东西。

**养生私语**

此款豆浆中富含胆碱、钙、铁、维生素等成分，可帮助儿童增强记忆，并促进儿童骨骼、牙齿的生长和保健。

# 孕妇安胎豆浆

女性怀孕后，在饮食方面也多了些讲究。豆浆中富含优质蛋白质、铁、铜、维生素、氨基酸等营养成分，非常适合孕妇对营养的需求。常喝豆浆，还可帮助孕妇预防便秘呢！

## 红枣花生豆浆

**材料**

黄豆50克，花生仁20克，红枣10克

**制作步骤**

1. 提前将黄豆用清水浸泡约8小时，再洗净；花生仁洗净；红枣去核、洗净。
2. 将黄豆、花生、红枣一同倒入豆浆机中，加入适量清水，启动豆浆机，待豆浆机自行搅打、煮熟后，滤出豆渣、去除浮沫即可。

**•制作叮咛•**

红枣带有甜味，花生有股淡淡的香味，外加黄豆的味道，不用加糖就可以感受浓密幽香。

**养生私语**

此款豆浆具有滋阴益气、养血安神的功效，非常适合孕妇饮用。

# 芝麻大米豆浆

**材料**

黄豆60克，大米20克，白芝麻10克

**制作步骤**

1. 提前将黄豆用清水浸泡约8小时，再洗净；大米、白芝麻均淘洗净。
2. 将黄豆、大米、白芝麻一同倒入豆浆机中，加入适量清水，启动豆浆机，待豆浆机自行搅打、煮熟后，滤出豆渣，去除浮沫即可。

**·制作叮咛·**

如果用焙香或炒香的芝麻口感更好。

**养生私语**

此款豆浆中含有丰富的维生素E，能防止过氧化脂质对孕妇肌肤的危害，抵消或中和细胞内有害物质游离基的积聚，令孕妇的皮肤白皙润泽。

# 芦笋山药豆浆

**材料**

黄豆40克，芦笋、山药各20克

**制作步骤**

1. 提前将黄豆用清水浸泡约8小时，再洗净；芦笋洗净、切小段，入沸水锅中焯水后捞出；山药去皮，洗净，切小块。
2. 将黄豆、芦笋、山药一同倒入豆浆机中，加入适量清水，启动豆浆机，待豆浆机自行搅打、煮熟后，倒入碗中即可。

**•制作叮咛•**

芦笋不宜生吃，也不宜长时间存放，存放一周以上最好就不要食用了。

**养生私语**

此款豆浆中含有丰富的维生素和微量元素，孕妇常饮能增加血色素，改善孕期肌肤问题，使皮肤变得细白红嫩，且有养胎安胎的效用。

# 百合银耳黑豆浆

**材料**

黑豆40克，百合20克，银耳10克，冰糖适量

**制作步骤**

1. 提前将黑豆用清水浸泡约8小时，再洗净；百合掰成片、洗净；银耳泡发、去蒂，洗净。
2. 将黑豆、百合、银耳一同倒入豆浆机中，加入适量清水，启动豆浆机，待豆浆机自行搅打、煮熟后，倒入碗中。
3. 在豆浆中加入适量冰糖搅拌均匀即可。

**•制作叮咛•**

银耳一定要泡透，撕成小块，这样打出来的豆浆才更好。

**养生私语**

银耳可滋阴润肺、益胃生津，缓解孕妇妊娠反应；百合清心安神，能促进睡眠，改善孕期焦虑性失眠。这款豆浆较细腻，凡外感风寒引起感冒、咳嗽和因湿热生痰咳嗽，以及阳虚畏寒怕冷者均不宜饮用。

# 产后调理豆浆

女性生完孩子后，身体需要精心调养。豆浆中含有多种营养物质，且豆浆比较温和，非常适合产后补虚、清肺，对于产后缺铁性贫血和补充营养起着尤为重要的作用。

## 阿胶核桃红枣豆浆

**材料**

黄豆50克，核桃仁20克，红枣、阿胶粉各10克

**制作步骤**

1. 提前将黄豆用清水浸泡约8小时，再洗净；红枣去核、洗净。
2. 将黄豆、核桃仁、红枣一同倒入豆浆机中，加入适量清水，启动豆浆机，待豆浆机自行搅打、煮熟后，滤出豆渣、去除浮沫。
3. 将阿胶粉盛入杯中，倒入豆浆冲泡、搅拌均匀即可。

**•制作叮咛•**

红枣要去核，但不建议用买来的无核枣，因为无法确定加工过程中的卫生是否有保障。

**养生私语**

阿胶可滋养心肾、补血滋阴，对虚劳贫血、胎产崩漏、产后腹痛等症有良好疗效；红枣可补血补气；核桃仁能补肾健脑。

# 红薯山药豆浆

**材料**

黄豆40克，红薯、山药各20克，白糖适量

**制作步骤**

1. 提前将黄豆用清水浸泡约8小时，再洗净；红薯、山药均去皮，洗净，切小丁。
2. 将黄豆、红薯、山药一同倒入豆浆机中，加入适量清水，启动豆浆机，待豆浆机自行搅打、煮熟后，滤出豆渣，去除浮沫。
3. 在豆浆中加入适量白糖搅匀即可。

**·制作叮咛·**

如果没有鲜山药，可用干山药代替。

**养生私语**

此款豆浆中的山药可滋肾益精、健脾益胃；红薯可补虚乏，益气力，健脾胃，强肾阴；黄豆可健脾胃，补虚损。这些食材均适合产妇食用。

# 香蕉银耳百合豆浆

## 材料

黄豆 40 克，香蕉 20 克，银耳、百合各 10 克，冰糖适量

## 制作步骤

1. 提前将黄豆用清水浸泡约 8 小时，再洗净；香蕉去皮，切小丁；干百合泡发、洗净；银耳泡发、去蒂，洗净。
2. 将黄豆、香蕉、银耳、百合一同倒入豆浆机中，加入适量清水，启动豆浆机，待豆浆机自行搅打、煮熟后，滤出豆渣，去除浮沫。
3. 在豆浆中加入适量冰糖拌匀即可。

**• 制作叮咛 •**

香蕉去皮后放入杯中，压成糊状，再和豆浆一起搅打。

**养生私语**

此款豆浆中富含蛋白质、钙及胡萝卜素等营养物质，有养心、安神的功效，可缓解女性产后忧郁症。

# 葡萄干苹果豆浆

**材料**

黄豆50克，葡萄干、苹果各20克

**制作步骤**

1. 提前将黄豆用清水浸泡约8小时，再洗净；葡萄干洗净；苹果去皮、洗净，切小丁。
2. 将黄豆、葡萄干、苹果一同倒入豆浆机中，加入适量清水，启动豆浆机，待豆浆机自行搅打、煮熟后，滤出豆渣，去除浮沫即可。

**•制作叮咛•**

葡萄干事先放入水中浸泡一会儿，洗去灰尘和杂质。

**养生私语**

此款豆浆中含丰富的锌，可促进大脑的发育，准妈妈经常饮用，可以以乳汁传给宝宝丰富的锌，使宝宝大脑发育良好。而且此款豆浆中的苹果还可减轻产后便秘等症状。

# 莲子花生豆浆

**材料**↘

黄豆50克，莲子15克，花生20克，白糖适量

**制作步骤**↘

1. 提前将黄豆用清水浸泡约8小时，再洗净；莲子泡软、去芯；花生仁洗净。
2. 将黄豆、莲子、花生一同倒入豆浆机中，加入适量清水，启动豆浆机，待豆浆机自行搅打、煮熟后，滤出豆渣，去除浮沫。
3. 在豆浆中加入适量白糖搅匀即可。

•制作叮咛•

莲子很难泡软，一般用温水或开水浸泡，既可缩短时间又可以把莲子泡软。

**养生私语**

此款豆浆中含有丰富的脂肪油和蛋白质，对产后乳汁不足者有养血通乳的作用。

# 女人滋养豆浆

豆浆因为富含植物雌激素——大豆异黄酮，一直是让女性魅力绽放的钟情之选，可调节女性内分泌，女性朋友若能每天坚持喝杯豆浆，可明显改善心态和身体素质，延缓衰老，美容养颜。

## 玫瑰花红豆浆

**材料**

红豆60克，玫瑰花10克，冰糖适量

**制作步骤**

1. 提前将红豆用清水浸泡约8小时，再洗净；玫瑰花中加入温开水浸泡约10分钟。
2. 将红豆、玫瑰花及泡玫瑰花的温开水一同倒入豆浆机中，启动豆浆机，待豆浆机自行搅打、煮熟后，倒入碗中。
3. 在豆浆中加入适量冰糖搅拌均匀即可。

**•制作叮咛•**

玫瑰花经温开水浸泡后，其中的有效成分将会释放得更加充分。

**养生私语**

此款豆浆可补女人气血、美颜润肤、平衡内分泌，并可消除疲劳、改善体质。

# 茉莉花豆浆

**材料**

黄豆 60 克，茉莉花 10 克

**制作步骤**

1. 提前将黄豆用清水浸泡约 8 小时，再洗净；茉莉花中加入温开水浸泡约 10 分钟。
2. 将黄豆、茉莉花及泡茉莉花的温开水一同倒入豆浆机中，启动豆浆机，待豆浆机自行搅打、煮熟后，倒入碗中即可。

**•制作叮咛•**

茉莉开花时节，可用新鲜的茉莉花来制作这款豆浆，香气更加浓郁。

**养生私语**

此款豆浆香气怡人，有理气安神、润肤养颜、平衡油脂分泌的功效。

# 红豆薏米豆浆

**材料**

红豆50克，薏米20克

**制作步骤**

1. 提前将红豆、薏米分别用清水浸泡约8小时，再洗净。
2. 将黄豆、薏米一同倒入豆浆机中，加入适量清水，启动豆浆机，待豆浆机自行搅打、煮熟后，倒入碗中即可。

**•制作叮咛•**

红豆、薏米的分量要把握好。

**养生私语**

红豆、薏米均具有利水消肿、健脾宜胃的作用，经常饮用此款豆浆，有减肥的功效。

# 大米莲藕豆浆

**材料**

黄豆 60 克，大米 15 克，莲藕 20 克，白糖适量

**制作步骤**

1. 提前将黄豆用清水浸泡约 8 小时，再洗净；大米淘洗干净；莲藕洗净，切小丁。
2. 将黄豆、大米、莲藕一同倒入豆浆机中，加入适量清水，启动豆浆机，待豆浆机自行搅打、煮熟后，滤出豆渣，去除浮沫。
3. 在豆浆中加入适量白糖搅匀即可。

**·制作叮咛·**

莲藕切片后容易在空气中氧化变黑，因此切好后最好放入水中泡着。

**养生私语**

此款豆浆中富含铁、钙等微量元素，植物蛋白质、维生素以及淀粉的含量也很丰富，可为女人补益气血，增强免疫力。但是糖尿病人不宜饮用。

# 香瓜豆浆

材料

黄豆50克，香瓜30克

制作步骤

1. 提前将黄豆用清水浸泡约8小时，再洗净；香瓜去皮，去子，洗净，切小丁。
2. 将黄豆、香瓜一同倒入豆浆机中，加入适量清水，启动豆浆机，待豆浆机自行搅打、煮熟后，倒入碗中即可。

养生私语

香瓜富含碳水化合物、维生素、苹果酸等成分，营养丰富，可补充人体所需的能量及营养素。

# 黄瓜豆浆

材料

黄豆50克，黄瓜30克

制作步骤

1. 提前将黄豆用清水浸泡约8小时，再洗净；黄瓜洗净，切小丁。
2. 将黄豆、黄瓜一同倒入豆浆机中，加入适量清水，启动豆浆机，待豆浆机自行搅打、煮熟后，倒入碗中即可。

养生私语

黄瓜有清热利尿的作用，将其与黄豆一同制成豆浆，可起到润燥养颜的功效。

# 雪梨莲子豆浆

**材料**

黄豆 50 克，雪梨 20 克，莲子、冰糖各适量

**制作步骤**

1. 提前将黄豆用清水浸泡约 8 小时，再洗净；雪梨去皮、洗净，切小丁；莲子泡软，再去掉莲子芯。
2. 将黄豆、雪梨、莲子一同倒入豆浆机中，加入适量清水，启动豆浆机，待豆浆机自行搅打、煮熟后，滤出豆渣，去除浮沫。
3. 在豆浆中加入适量冰糖搅拌均匀即可。

**•制作叮咛•**

如果不去掉莲子芯，会有些许苦味，但莲子芯有清心、去热、止血、缓解高血压等功效。

**养生私语**

此款豆浆的食材都具有美容养颜、改善皮肤干燥、清热解毒的功效，非常适合女性朋友饮用。

# 延缓更年期豆浆

更年期是女性由中年到老年的过渡期，此时，女性体内雌激素分泌逐渐减少，容易出现焦虑、失眠等不适症状。豆浆中含有丰富的植物雌激素，常喝可减轻更年期综合征症状、预防心血管疾病。

## 莲藕雪梨豆浆

**材料**

黄豆50克，莲藕、雪梨各20克，冰糖适量

**制作步骤**

1. 提前将黄豆用清水浸泡约8小时，再洗净；莲藕洗净，切小丁；雪梨去皮、洗净，切小丁。
2. 将黄豆、莲藕、雪梨一同倒入豆浆机中，加入适量清水，启动豆浆机，待豆浆机自行搅打、煮熟后，滤出豆渣，去除浮沫。
3. 在豆浆中加入适量冰糖拌匀即可。

**养生私语**

此款豆浆性质温和，可清热润燥，缓解更年期阴虚潮热的症状。

# 燕麦红枣豆浆

**材料**

黄豆 50 克，燕麦 20 克，红枣 15 克，白糖适量

**制作步骤**

1. 提前将黄豆用清水浸泡约 8 小时，再洗净；红枣去核、洗净。
2. 将黄豆、燕麦、红枣一同倒入豆浆机中，加入适量清水，启动豆浆机，待豆浆机自行搅打、煮熟后，滤出豆渣，去除浮沫。
3. 在豆浆中加入适量白糖搅匀即可。

**•制作叮咛•**

如果用的是干燕麦，应和黄豆一样，先泡好。

**养生私语**

此款豆浆中含有丰富的 B 族维生素，可改善更年期体力不佳、新陈代谢变慢的问题。其中还含有丰富的钙、磷、铁、锌等矿物质，有预防骨质疏松、防治贫血的功效。

# 桂圆糯米豆浆

**材料**

黄豆50克，糯米、桂圆各15克，白糖适量

**制作步骤**

1. 提前将黄豆用清水浸泡约8小时，再洗净；桂圆去壳、去核；糯米淘洗干净。
2. 将黄豆、桂圆、糯米一同倒入豆浆机中，加入适量清水，启动豆浆机，待豆浆机自行搅打、煮熟后，滤出豆渣，去除浮沫。
3. 在豆浆中加入适量白糖搅匀即可。

**·制作叮咛·**

桂圆带甜味，可不用另外加糖。

**养生私语**

桂圆有补血安神、补养心脾的功效，对更年期心烦气躁、失眠多梦有辅助治疗作用；黄豆中的大豆异黄酮有助于改善失眠、烦躁、潮热等更年期症状。这款豆浆加入了助火化燥的桂圆，凡阴虚内热、湿阻中满、痰火体质的人，尤其是怀孕早期的妇女不宜饮用。

# 中老年人健康豆浆

随着年龄增长，身体代谢减慢，很多中老年人身体渐渐发福，这不仅影响体型，还会引发高血脂、动脉硬化等各种病症。豆浆有助于提高人体新陈代谢，是中老年人上佳的饮品选择。

## 燕麦黑芝麻豆浆

**材料**

黄豆 60 克，燕麦 20 克，黑芝麻 10 克

**制作步骤**

1. 提前将黄豆用清水浸泡约 8 小时，洗净；黑芝麻淘洗净。
2. 将黄豆、燕麦、黑芝麻一同倒入豆浆机中，加入适量清水，启动豆浆机，待豆浆机自行搅打、煮熟后，滤出豆渣，去除浮沫即可。

**养生私语**

燕麦所含丰富的纤维素有润肠通便的作用，可以帮助中老年人预防肠燥便秘，并有预防脑血管病的功效。其中所含的钙、磷、铁、锌、锰等矿物质和微量元素，则能预防骨质疏松、促进伤口愈合。

# 紫薯南瓜豆浆

**材料**

黄豆40克，紫薯、南瓜各20克，白糖适量

**制作步骤**

1. 提前将黄豆用清水浸泡约8小时，再洗净；紫薯、南瓜均去皮、洗净，切小丁。
2. 将黄豆、紫薯、南瓜一同倒入豆浆机中，加入适量清水，启动豆浆机，待豆浆机自行搅打、煮熟后，滤出豆渣，去除浮沫。
3. 在豆浆中加入适量白糖搅匀即可。

**•制作叮咛•**

南瓜也可以不用去皮，南瓜子也可以一起放入豆浆机中搅打，南瓜子能杀灭人体内寄生虫，对前列腺有保健作用。

**养生私语**

紫薯富含硒元素和花青素，有抗氧化功效；南瓜富含多种氨基酸和活性蛋白，所含的南瓜多糖可提高中老年人的免疫能力。常饮此款豆浆可补充身体能量、增强中老年人的体力。

# 长寿五豆豆浆

**材料**

黄豆40克，黑豆、青豆、豌豆、花生仁各10克，冰糖10克

**制作步骤**

1. 提前将黄豆、黑豆、青豆、豌豆用清水浸泡约8小时，再洗净；花生仁洗净。
2. 将备好的食材一同倒入豆浆机中，加入适量清水，启动豆浆机，待豆浆机自行搅打、煮熟后，滤出豆渣，去浮沫，加冰糖搅拌至化开即可。

**•制作叮咛•**

黄豆、黑豆、青豆、豌豆在冰箱冷冻室先放置1小时左右，可大大缩短浸泡时间。

**养生私语**

黑豆能软化血管、滋润皮肤、延缓衰老，并能滋补肾阴，可改善中老年人体虚乏力的状况；花生仁能降低血脂，保护心血管，减少中老年人罹患心血管疾病的概率。

# 大米双豆豆浆

## 材料

大米90克，豌豆、绿豆各15克，冰糖10克

## 制作步骤

1. 提前将绿豆、豌豆分别用清水浸泡约8小时，再洗净；大米淘洗净。
2. 将所有材料一同倒入豆浆机中，加入适量清水，启动豆浆机，待豆浆机自行搅打、煮熟后，滤出豆渣，去浮沫，加冰糖搅拌至化开即可。

**•制作叮咛•**

大米和豆类的比例要协调，约为3∶1，可利于促进蛋白质的互补和吸收。

**养生私语**

这款豆浆中所含的胆碱、蛋氨酸可有助于防止动脉硬化，预防中老年人易发的心血管疾病，其所含的植物固醇能减少肠道对胆固醇的吸收，对中老年人的健康非常有益。

# 燕麦枸杞山药豆浆

## 材料

黄豆 40 克，燕麦、山药各 20 克，枸杞 10 克

## 制作步骤

1. 提前将黄豆用清水浸泡约 8 小时，再洗净；山药去皮，洗净，切小丁；枸杞洗净，用清水浸泡。
2. 将黄豆、山药、燕麦、枸杞及泡枸杞的清水一同倒入豆浆机中，启动豆浆机，待豆浆机自行搅打、煮熟后，滤出豆渣，去除浮沫即可。

•制作叮咛•

枸杞应用清水洗去杂质。

**养生私语**

此款豆浆可有效降低人体中的胆固醇，经常饮用，可对中老年人的主要威胁——心脑血管病起到一定的预防作用。其中还含有极其丰富的亚油酸，对中老年人增强体力、延年益寿也是大有裨益的。

色泽淡雅，浆汁浓稠。

# 栗子豆浆

**材料**

黄豆50克，板栗30克，白糖适量

**制作步骤**

1. 提前将黄豆用清水浸泡约8小时，再洗净；板栗去壳，去皮，洗净，切小粒。
2. 将黄豆、板栗一同倒入豆浆机中，加入适量清水，启动豆浆机，待豆浆机自行搅打、煮熟后，滤出豆渣，去除浮沫。
3. 在豆浆中加入适量白糖搅匀即可。

**•制作叮咛•**

如果用熟的板栗，味道会更香。

**养生私语**

此款豆浆中含蛋白质较高，且含有胡萝卜素、维生素C、维生素$B_1$、维生素$B_2$、烟酸等多种营养素，以及钙、磷、钾等矿物质，有良好的营养滋补作用，常饮对维持人体的正常功能大有益处，尤其对中老年人防病抗衰、延年益寿有很好的效用。

# 荞麦黄豆浆

**材料**

黄豆 50 克，荞麦 20 克

**制作步骤**

1. 提前将黄豆用清水浸泡约 8 小时，再洗净；荞麦淘洗干净。
2. 将黄豆、荞麦一同倒入豆浆机中，加入适量清水，启动豆浆机，待豆浆机自行搅打、煮熟后，滤出豆渣，去除浮沫。
3. 在豆浆中加入适量白糖搅匀即可。

**•制作叮咛•**

先把黄豆过滤一下，再煮荞麦，这样豆浆不仅口感细滑清香而且营养不流失。

**养生私语**

荞麦中含有生物类黄酮——芦丁，它能降低中老年人身体中血脂和胆固醇的含量、软化血管，可预防中老年人心血管疾病。

# 脑力工作者豆浆

脑力工作者经常精神紧张，用脑过度，容易出现精神疲乏、记忆力下降等现象，如能经常饮用以大豆为主要制作材料的豆浆，不仅可起到健脑的效果，还能缓解疲劳、补充钙质。

## 糙米花生浆

**材料**

黄豆50克，花生仁、糙米各20克，白糖适量

**制作步骤**

1. 提前将黄豆用清水浸泡约8小时，再洗净；花生仁、糙米均淘洗干净。
2. 将黄豆、花生仁、糙米一同倒入豆浆机中，加入适量清水，启动豆浆机，待豆浆机自行搅打、煮熟后，滤出豆渣，去除浮沫。
3. 在豆浆中加入适量白糖搅匀即可。

**养生私语**

此款豆浆富含优质蛋白质、矿物质和膳食纤维以及多种维生素，可为脑部运作提供动力，同时有助于提高大脑的认知能力。

# 咖啡豆浆

**材料**

黄豆 70 克，速溶咖啡 30 克，白糖适量

**制作步骤**

1. 提前将黄豆用清水浸泡约 8 小时，再洗净。
2. 将黄豆、速溶咖啡一同倒入豆浆机中，加入适量清水，启动豆浆机，待豆浆机自行搅打、煮熟后，滤出豆渣，去除浮沫。
3. 在豆浆中加入适量白糖搅匀即可。

**•制作叮咛•**

也可将咖啡加热水溶化，再和打好的豆浆混合。

**养生私语**

咖啡是提神醒脑的好食品，也是缓解工作压力时不可缺少的食品。在咖啡中加入豆浆，是健康、时尚的喝法，可缓解疲劳、补充体力，给你一天的好精力。

# 燕麦核桃豆浆

## 材料

黄豆50克，燕麦、核桃仁各20克，白糖适量

## 制作步骤

1. 提前将黄豆用清水浸泡约8小时，再洗净。
2. 将黄豆、燕麦、核桃仁一同倒入豆浆机中，加入适量清水，启动豆浆机，待豆浆机自行搅打、煮熟后，滤出豆渣，去除浮沫。
3. 在豆浆中加入适量白糖搅匀即可。

**•制作叮咛•**

因为加了燕麦，煮好的豆浆无需过滤，连渣一起喝，更香浓爽滑。

**养生私语**

此款豆浆特别适合办公室用脑一族饮用，因为黄豆、核桃均是补脑的好食物，润肠通便、降脂降压，燕麦还能调节血脂，让你久坐不动的血脉活动一下。

# 第五章

# 四季养生豆浆

豆浆，
一年四季都可饮用，
根据“春温、夏长、秋收、冬藏”的特点，
顺应节令与气候的变化，
遵循自然规律，
适时搭配，
最大程度发挥豆浆养生的功效。
春秋饮豆浆，
滋阴润燥，调和阴阳；
夏饮豆浆，
消热防暑，生津解渴；
冬饮豆浆，
祛寒暖胃，滋养进补。
秋冬一碗热豆浆，驱寒暖胃保健康。

**春季**

春季大地复苏，人体阳气日盛，易口干火气旺。因此，宜多食五谷粗粮，晨间醒来最好喝杯饮品补充夜间流失的水分，同时舒缓滋润内脏。在中国悠久的养生文化中喜以豆浆补人体五行缺失。

# 芹菜红枣豆浆

**材料**

黄豆50克，芹菜叶、红枣各15克

**制作步骤**

1. 提前将黄豆用清水浸泡约8小时，再洗净；芹菜叶洗净，切碎；红枣去核、洗净。
2. 将黄豆、芹菜叶、红枣一同倒入豆浆机中，加入适量清水，启动豆浆机，待豆浆机自行搅打、煮熟后，滤出豆渣，去除浮沫即可。

**• 制作叮咛 •**

制作时要选用芹菜顶端的嫩叶，口感会更好。

**养生私语**

此款豆浆可助人体补充维生素，平肝清热、去湿，适合春季饮用。

# 大米竹叶豆浆

**材料**

黄豆60克，大米20克，竹叶少许

**制作步骤**

1. 提前将黄豆用清水浸泡约8小时，再洗净；大米淘洗干净。
2. 将黄豆、大米一同倒入豆浆机中，加入适量清水，启动豆浆机，待豆浆机自行搅打、煮熟后，滤出豆渣，去除浮沫。
3. 在杯中放入竹叶，用制好的豆浆冲泡即可。

**•制作叮咛•**

竹叶不可直接与黄豆一起打浆，否则会有股很浓的药味。

**养生私语**

此款豆浆可清热除烦、生津利尿，对春季心火炽盛引起的口舌生疮、尿少而赤有很好的疗效。同时，还具有良好的抗自由基能力和抗衰老、抗疲劳的作用，可提高人体的免疫功能。

# 黄豆玫瑰花浆

**材料**

黄豆60克，玫瑰花10克，白糖适量

**制作步骤**

1. 提前将黄豆用清水浸泡约8小时，再洗净；玫瑰花中加入温开水浸泡约10分钟。
2. 将黄豆、玫瑰花及泡玫瑰花的温开水一同倒入豆浆机中，启动豆浆机，待豆浆机自行搅打、煮熟后，倒入碗中。
3. 在豆浆中加入适量白糖搅匀即可。

**•制作叮咛•**

玫瑰先用水清洗去灰尘，去掉花蒂。

**养生私语**

此款豆浆中含有丰富的维生素以及单宁酸，能改善内分泌失调，消除疲劳，促进血液循环，养颜美容，调经，利尿，缓和肠胃神经，不愧为春季养生的佳品。

# 山药米豆浆

**材料**

黄豆40克，山药、糯米各20克，白糖适量

**制作步骤**

1. 提前将黄豆用清水浸泡约8小时，再洗净；山药去皮、洗净，切小丁；糯米淘洗干净。
2. 将黄豆、山药、糯米一同倒入豆浆机中，加入适量清水，启动豆浆机，待豆浆机自行搅打、煮熟后，滤出豆渣，去除浮沫。
3. 在豆浆中加入适量白糖搅匀即可。

**·制作叮咛·**

糯米最好先浸泡半个小时。

**养生私语**

山药有健脾益气、滋肺养阴、补肾固精的作用，其含淀粉多，味略甜，性平不燥，适合春季护肝的养生需要，能健脾除湿。春季湿气重，非常适合饮用此豆浆。

# 紫薯香芋豆浆

**材料**

黄豆 40 克，紫薯、香芋各 20 克，白糖适量

**制作步骤**

1. 提前将黄豆用清水浸泡约 8 小时，再洗净；紫薯、香芋均去皮，洗净，切小丁。
2. 将黄豆、紫薯、香芋一同倒入豆浆机中，加入适量清水，启动豆浆机，待豆浆机自行搅打、煮熟后，滤出豆渣，去除浮沫。
3. 在豆浆中加入适量白糖搅匀即可。

**•制作叮咛•**

香芋最好是先煮熟，这样香味更为浓郁。

**养生私语**

此款豆浆中含有较多的蛋白质、淀粉、聚糖（黏液质）、粗纤维，能增强人体的免疫机制，增加对疾病的抵抗力。春季宜常饮此款豆浆，可解毒、滋补身体。

# 夏季

夏季营养流失快，且进补容易上火，不宜进食燥性补品。你可知道，小小一杯豆浆却能帮你达到夏季进补的目的，同时还有消暑功效呢！

## 绿豆桑叶百合豆浆

**材料**

黄豆、绿豆各35克，桑叶5克，干百合10克

**制作步骤**

1. 提前将黄豆、绿豆分别用清水浸泡约8小时，再洗净；干百合浸泡后洗净；桑叶洗净。
2. 将黄豆、绿豆、桑叶、百合一同倒入豆浆机中，加入适量清水，启动豆浆机，待豆浆机自行搅打、煮熟后，滤出豆渣，去除浮沫即可。

清新淡雅，润滑香郁。

**•制作叮咛•**

桑叶放入豆浆机内打成渣，故桑叶只是取其汁。

**养生私语**

绿豆和桑叶可清热凉血、明目生津，百合可润肺止咳、清心安神，配合黄豆更能滋阴润燥，适合炎热的夏季饮用。

# 绿茶消暑豆浆

**材料**

黄豆60克，大米20克，绿茶8克

**制作步骤**

1. 提前将黄豆用清水浸泡约8小时，再洗净；大米淘洗干净。
2. 将黄豆、大米一同倒入豆浆机中，加入适量清水，启动豆浆机，待豆浆机自行搅打、煮熟后，滤出豆渣，去除浮沫。
3. 将绿茶盛入杯中，倒入制好的豆浆冲泡即可。

**·制作叮咛·**

茶叶要过滤一下，只用汤汁。

**养生私语**

此款豆浆可清热解暑、消食化痰、去腻减肥、清心除烦、解毒醒酒、生津止渴、降火明目，是一款不可多得的夏季营养饮品。

# 解暑荷茶豆浆

**材料**

黄豆 60 克，荷叶 20 克，绿茶 8 克

**制作步骤**

1. 提前将黄豆用清水浸泡约 8 小时，再洗净；鲜荷叶洗净，撕成小片。
2. 将黄豆、荷叶一同倒入豆浆机中，加入适量清水，启动豆浆机，待豆浆机自行搅打、煮熟后，滤出豆渣，去除浮沫。
3. 将绿茶盛入杯中，倒入制好的豆浆冲泡即可。

**•制作叮咛•**

也可以用干的荷叶代替，只是干荷叶的效果没有鲜荷叶的好。

**养生私语**

此款豆浆具有消暑、除烦、利尿、通便、泻火之效，对盛暑时的口淡、口渴、烦躁、尿黄、失眠等症状十分有效，同时宜咸宜甜。

# 五色消暑豆浆

**材料**

黄豆30克，绿豆、黑豆各20克，薏米、小米各15克，白糖适量

**制作步骤**

1. 提前将黄豆、绿豆、黑豆分别用清水浸泡约8小时，再洗净；薏米、小米均淘洗干净。
2. 将黄豆、绿豆、黑豆、薏米、小米一同倒入豆浆机中，加入适量清水，启动豆浆机，待豆浆机自行搅打、煮熟后，滤出豆渣，去除浮沫。
3. 在豆浆中加入适量白糖搅匀即可。

**•制作叮咛•**

薏米和小米最好先浸泡半个小时。

**养生私语**

夏季气温高，大量出汗可使机体因丢失较多的矿物质和维生素而导致内环境紊乱，而此款豆浆中含有丰富无机盐、维生素，在高温环境中常饮此款豆浆，可以及时补充丢失的营养物质，以达到清热解暑的效果。

# 百合莲子银耳豆浆

**材料**

绿豆 40 克，干百合、莲子、银耳各 10 克，冰糖适量

**制作步骤**

1. 提前将白芸豆用清水浸泡约 8 小时，再洗净；干百合泡发，洗净；莲子洗净，加清水泡软、去芯；银耳泡发，去蒂，洗净。
2. 将备好的材料一同倒入豆浆机中，加入适量清水，启动豆浆机，待豆浆机自行搅打、煮熟后，滤出豆渣，去除浮沫。
3. 在豆浆中加入适量冰糖拌匀即可。

**•制作叮咛•**

莲子一定要去芯，否则打出的豆浆味道会有点苦。

**养生私语**

清热解暑的绿豆，加上养阴清热的百合、养心安神的莲子和润肺生津的银耳，酿制一碗酷暑天的清热解暑安神豆浆。补充营养的同时，又可以消暑除烦，让你在三伏天睡个好觉。

# 西瓜黄豆浆

**材料**

黄豆60克，西瓜30克

**制作步骤**

1. 提前将黄豆用清水浸泡约8小时，再洗净；西瓜取果肉，切成小块。
2. 将黄豆、西瓜一同倒入豆浆机中，加入适量清水，启动豆浆机，待豆浆机自行搅打、煮熟后，倒入碗中即可。

**·制作叮咛·**

因为西瓜本身很甜，所以不需要加糖。也可以把西瓜皮除去外层青皮，切成小块一起榨。

**养生私语**

此款豆浆具有清热解暑、生津止渴、利尿除烦的功效；在口渴汗多、心烦气躁时喝上一杯，可改善症状。此外，这款豆浆还有增加皮肤弹性、减少皱纹的效用，可令人变得更年轻。

# 荷叶莲子豆浆

**材料**

黄豆50克，荷叶、莲子各15克，白糖适量

**制作步骤**

1. 提前将黄豆用清水浸泡约8小时，再洗净；鲜荷叶洗净，撕成小片；莲子泡软、去芯。
2. 将黄豆、荷叶、莲子一同倒入豆浆机中，加入适量清水，启动豆浆机，待豆浆机自行搅打、煮熟后，倒入碗中，加入适量白糖搅拌均匀即可。

**•制作叮咛•**

如果没有新鲜荷叶，可用干荷叶3克，用开水泡10分钟，再用泡好的荷叶水代替清水加入豆浆机。

**养生私语**

荷叶是夏天清热解暑的佳品，与莲子、黄豆搭配制成豆浆，可起到明显的解暑效果。荷叶消暑力强，配以健脾化湿、解毒的黄豆、莲子，更可使之清热而不伤脾、利水而不伤阴。

# 清新黄瓜玫瑰豆浆

**材料**

黄豆60克，黄瓜20克，干玫瑰花3克，冰糖适量

**制作步骤**

1. 提前将黄豆用清水浸泡约8小时，再洗净；黄瓜洗净，切小丁；玫瑰花中加入温开水浸泡约10分钟。
2. 将黄豆、黄瓜、玫瑰花及泡玫瑰花的温开水一同倒入豆浆机中，启动豆浆机，待豆浆机自行搅打、煮熟后，倒入碗中。
3. 在豆浆中加入适量冰糖搅拌均匀即可。

**·制作叮咛·**

用黄瓜做豆浆时不要去皮，因为黄瓜皮中含较多的苦味素，是黄瓜的营养精华所在。

**养生私语**

黄瓜还含有丰富的维生素E，是非常好的消暑食物。将其与黄豆、玫瑰花一同制成豆浆，可一扫夏日的烦躁和炎热感，而且营养更易被保留不被破坏，有健脾开胃、美容养颜的效用。

# 秋季

说起秋季，大家会用很多华丽的词语来形容它，比如秋高气爽、秋色宜人等，但秋季还有一个不容忽视的特点，那就是干燥。秋季，大家都知道要多补充身体水分，而最受欢迎的，当然就是豆浆了。

## 枸杞小米豆浆

**材料**

黄豆 50 克，小米 20 克，枸杞 10 克

**制作步骤**

1. 提前将黄豆用清水浸泡约 8 小时，再洗净；小米淘洗干净；枸杞洗净，用清水浸泡。
2. 将黄豆、小米、枸杞及泡枸杞的清水一同倒入豆浆机中，启动豆浆机，待豆浆机自行搅打、煮熟后，滤出豆渣，去除浮沫即可。

**养生私语**

此款豆浆具有滋补肝肾、生精养血、明目安神之效用，适合秋季养生的需要。

# 荞麦大米豆浆

**材料**

黄豆50克，荞麦20克，大米10克，白糖适量

**制作步骤**

1. 提前将黄豆用清水浸泡约8小时，再洗净；荞麦、大米均淘洗干净。
2. 将黄豆、荞麦、大米一同倒入豆浆机中，加入适量清水，启动豆浆机，待豆浆机自行搅打、煮熟后，滤出豆渣，去除浮沫。
3. 在豆浆中加入适量白糖搅匀即可。

**·制作叮咛·**

荞麦和大米需要浸泡30分钟，豆浆出来的效果更好。

**养生私语**

此款豆浆中含有营养价值高、平衡性良好的植物蛋白质，这种蛋白质在体内不易转化成脂肪。另外，此款豆浆中所含的食物纤维非常丰富，具有良好的预防便秘的作用，适合在干燥的秋季饮用。

# 山药莲子豆浆

**材料**

黄豆 60 克，山药 30 克，莲子 15 克，冰糖适量

**制作步骤**

1. 提前将黄豆用清水浸泡约 8 小时，再洗净；山药去皮、洗净，切小丁；莲子泡软、去芯。
2. 将黄豆、山药、莲子一同倒入豆浆机中，加入适量清水，启动豆浆机，待豆浆机自行搅打、煮熟后，滤出豆渣，去除浮沫。
3. 在豆浆中加入适量冰糖搅拌均匀即可。

**•制作叮咛•**

山药去皮时要戴手套，因为手碰到黏液容易过敏。或者把山药洗净蒸熟，再剥皮。

**养生私语**

此款豆浆含有多种营养素，有强健机体、补脾益胃、聪耳明目、养心安神之功效。

# 木瓜西米豆浆

**材料**

黄豆60克，木瓜30克，西米20克

**制作步骤**

1. 提前将黄豆用清水浸泡约8小时，再洗净；木瓜去皮，洗净，切小丁；西米放入沸水锅中煮至熟透时捞出。
2. 将黄豆倒入豆浆机中，加入适量清水，启动豆浆机，待豆浆机自行搅打、煮熟后，滤出豆渣，去除浮沫。
3. 在豆浆中加入木瓜、西米拌匀即可。

晶莹剔透，口感爽滑。

**·制作叮咛·**

西米通常要经过两次冷热交替着煮，才能将其煮透。

**养生私语**

此款豆浆含丰富的碳水化合物、蛋白质、脂肪、多种维生素及多种人体必需的氨基酸，可有效补充人体的养分，增强机体的抗病能力。而且，木瓜中特有的木瓜酵素能清心润肺，还可以帮助消化、治胃病。

冬季

对于特别寒冷的冬天来说，喝杯热豆浆，可以祛寒暖胃，滋养进补。尤其是在北方冷冷的冬季，给家人自制一壶豆浆，那一口口热乎乎、香喷喷的温暖沁人心脾，美味又营养。

# 黑芝麻黄豆浆

**材料**

黄豆 70 克，黑芝麻 10 克，白糖适量

**制作步骤**

1. 提前将黄豆用清水浸泡约 8 小时，再洗净；黑芝麻淘洗干净。
2. 将黄豆、黑芝麻一同倒入豆浆机中，加入适量清水，启动豆浆机，待豆浆机自行搅打、煮熟后，滤出豆渣，去除浮沫。
3. 在豆浆中加入适量白糖搅匀即可。

美味可口，营养丰富。

**养生私语**

此款豆浆中含有的铁和维生素 E 是预防贫血、活化脑细胞、消除血管胆固醇的重要成分，其中还含有不饱和脂肪酸，有延年益寿的作用，适合用于冬季养生。

# 红枣莲子豆浆

**材料**

红豆50克，红枣15克，莲子20克，白糖适量

**制作步骤**

1. 提前将红豆用清水浸泡约8小时，再洗净；红枣去核、洗净；莲子泡软、去心。
2. 将红豆、红枣、莲子一同倒入豆浆机中，加入适量清水，启动豆浆机，待豆浆机自行搅打、煮熟后，滤出豆渣，去除浮沫。
3. 在豆浆中加入适量白糖搅匀即可。

**·制作叮咛·**

加入少量燕麦或大米一起榨，可不滤渣直接喝，口感一样爽滑。

**养生私语**

冬天气温较低，人体容易因气血不足而更觉得寒冷，此款豆浆是补气养血的佳品，能提升身体的元气，增强免疫力。

# 杏仁松子豆浆

**材料**

黄豆 50 克，杏仁、松子各 20 克，白糖适量

**制作步骤**

1. 提前将黄豆用清水浸泡约 8 小时，再洗净。
2. 将黄豆、杏仁、松子一同倒入豆浆机中，加入适量清水，启动豆浆机，待豆浆机自行搅打、煮熟后，倒入碗中。
3. 在豆浆中加入适量白糖搅匀即可。

**•制作叮咛•**

把白糖换成冰糖，更具润肺、止咳清痰、去火的作用，但冰糖要放入豆浆机中一起搅打才易溶化。

**养生私语**

此款豆浆中富含蛋白质、脂肪、糖类、胡萝卜素、维生素以及钙、磷、铁等营养成分，具有生津止渴、润肺定喘的功效，还能促进皮肤微循环，使皮肤红润光泽。

# 糯米红枣豆浆

**材料**

黄豆60克，糯米15克，红枣10克，白糖适量

**制作步骤**

1. 提前将黄豆用清水浸泡约8小时，再洗净；糯米淘洗干净；红枣去核、洗净。
2. 将黄豆、糯米、红枣一同倒入豆浆机中，加入适量清水，启动豆浆机，待豆浆机自行搅打、煮熟后，滤出豆渣，去除浮沫。
3. 在豆浆中加入适量白糖搅匀即可。

**•制作叮咛•**

红枣去核后可防燥热。

**养生私语**

黄豆补钙、红枣养血、糯米暖胃，每天清晨喝一杯，可以让你整天脸色都红润，温暖脾胃，手脚不再冰冷。

# 第六章

# 对症健康豆浆

随着生活水平的不断提高，

如何健康地生活成了人们关注的重点。

在日常生活中，

豆浆因其材料易得、制作工艺简单、营养丰富，

已经成为很多人心目中的养生佳品了。

但是，你知道吗？

豆浆的不同搭配还可起到对症养生的效果呢！

你是不是正为肌肤问题而苦恼？

是不是常常整夜无眠？

是不是发现自己变胖了……

喝健康豆浆吧，一定能喝出身体的好状态！

# 润肤美白

豆浆不仅是一种营养保健价值很高的饮品，对于女性来说，它还是有效的润肤美白圣品，豆浆中含有的物质能够抑制黑色素的合成。一起来体验一下豆浆带给你的惊喜吧！

## 葡萄柠檬豆浆

### 材料

黄豆 70 克，葡萄干 10 克，柠檬 20 克

### 制作步骤

1. 提前将黄豆用清水浸泡约 8 小时，再洗净；葡萄干洗净；柠檬挤汁待用。
2. 将黄豆、葡萄干一同倒入豆浆机中，加入柠檬汁，再加入适量清水，启动豆浆机，待豆浆机自行搅打、煮熟后，滤去豆渣，去除浮沫即可。

**养生私语**

此款豆浆中维生素的含量极为丰富，是美容佳品，能防止和消除皮肤色素沉淀，具有美白作用，爱美的女性不妨经常饮用。

# 木瓜银耳豆浆

## 材料

黄豆60克，木瓜20克，银耳10克，白糖适量

## 制作步骤

1. 提前将黄豆用清水浸泡约8小时，再洗净；木瓜去皮，洗净，切小丁；银耳泡发，去蒂，洗净。
2. 将黄豆、木瓜、银耳一同倒入豆浆机中，加入适量清水，启动豆浆机，待豆浆机自行搅打、煮熟后，滤出豆渣，去除浮沫。
3. 在豆浆中加入适量白糖搅匀即可。

**•制作叮咛•**

如果没有豆浆机的话也可用搅拌机搅拌后，放入煮锅中煮熟。

**养生私语**

此款豆浆营养丰富，其中含大量的胡萝卜素、蛋白质、蛋白酶、柠檬酶等，具有助消化、治胃病的功效，而且可促进人体新陈代谢，帮助滋润、美白肌肤。

# 香橙玉米豆浆

**材料**

黄豆60克，嫩玉米50克，橙子20克

**制作步骤**

1. 提前将黄豆用清水浸泡约8小时，再洗净；嫩玉米洗净；橙子去皮，掰成小瓣。
2. 将黄豆、玉米和橙子一同倒入豆浆机中，加入适量清水，启动豆浆机，待豆浆机自行搅打、煮熟后，滤去豆渣，去除浮沫即可。

**•制作叮咛•**

也可用现成的橙汁代替鲜橙，制作起来更便捷。鲜玉米上的玉米须，可放进豆浆机里一起榨，可以降血脂、血压、血糖。

**养生私语**

橙子中含有大量的维生素C，可帮助美白肌肤。科学证明，豆浆的确是美白瘦身的好东西，也成为许多明星美白瘦身的法宝。

# 健美瘦身

豆浆所含的有效成分在消化吸收的过程中，可以抑制身体对碳水化合物和脂质的吸收，所以能帮助瘦身。想要打造完美身形，快来学习学习，让身材窈窕起来吧！

## 荷叶桂花茶豆浆

**材料**

黄豆 60 克，荷叶 15 克，桂花、绿茶、白糖各适量

**制作步骤**

1. 提前将黄豆用清水浸泡约 8 小时，再洗净；鲜荷叶洗净，撕成小片。
2. 将黄豆、荷叶一同倒入豆浆机中，加入适量清水，启动豆浆机，待豆浆机自行搅打、煮熟后，滤去豆渣，去除浮沫。
3. 将桂花、绿茶盛入杯中，倒入制好的豆浆冲泡，并加入适量白糖搅匀即可。

**• 制作叮咛 •**

桂花和绿茶先用温水冲泡去灰尘后，待泡好后，去渣留汤汁。

**养生私语**

荷叶是清热解暑的佳品，和绿茶、桂花及黄豆搭配，有较明显的瘦身纤体效果，而且制作方法也不复杂。但是，体质偏凉的人不宜饮用。

# 番石榴芹汁豆浆

**材料**

黄豆70克，番石榴、芹菜各30克

**制作步骤**

1. 提前将黄豆用清水浸泡约8小时，再洗净；番石榴、芹菜均取汁待用。
2. 将黄豆倒入豆浆机中，加入番石榴汁与芹菜汁，再加入适量清水，启动豆浆机，待豆浆机自行搅打、煮熟后，滤去豆渣，去除浮沫即可。

**•制作叮咛•**

芹菜加入豆浆里，会有种特别的味道，很多人不喜欢这种味道，因此可加蜂蜜掩盖这种味道。

**养生私语**

番石榴纤维极高，能有效地排走积存在肠内的宿便，而且，番石榴是极佳的抗氧化水果，能够有效延缓肌肤衰老及美白肌肤。

# 山楂黄瓜豆浆

**材料**

黄豆 60 克，山楂 15 克，黄瓜 20 克

**制作步骤**

1. 提前将黄豆用清水浸泡约 8 小时，再洗净；黄瓜洗净，切小丁；山楂泡软，去子。
2. 将黄豆、山楂、黄瓜一同倒入豆浆机中，加入适量清水，启动豆浆机，待豆浆机自行搅打、煮熟后，滤去豆渣即可。

**养生私语**

此款豆浆中含多种维生素、山楂酸、柠檬酸、苹果酸等，还含有蛋白质、脂肪和钙、磷、铁等矿物质，所含的解脂酶能促进脂肪类食物的消化，促进胃液分泌和增加胃内酶素等功能，有瘦身之效。

**• 制作叮咛 •**

如何轻松去除山楂核呢？找一只废旧的钢笔帽，将笔帽插入山楂的一头，再一顶，山楂核和两头就完整去除了。

# 苦瓜山药豆浆

材料

黄豆 60 克，山药、苦瓜各 20 克

制作步骤

1. 提前将黄豆用清水浸泡约8小时，再洗净；山药去皮、洗净，切小丁；苦瓜去子、洗净，切小块。
2. 将黄豆、山药、苦瓜一同倒入豆浆机中，加入适量清水，启动豆浆机，待豆浆机自行搅打、煮熟后，滤去豆渣，去除浮沫即可。

**制作叮咛**

苦瓜搅打后会产生丝丝苦味，若加蜂蜜调和，口感就会很不错。

**养生私语**

苦瓜中的苦瓜素被誉为“脂肪杀手”，它可减少脂肪和多糖的摄取，从而达到瘦身的目的。而且，此款豆浆中还含有丰富的维生素及矿物质，经常饮用，对治疗脸上的痘痘有很大益处哟。

# 绿豆红薯豆浆

**材料**

绿豆 60 克，红薯 20 克，白糖适量

**制作步骤**

1. 提前将绿豆用清水浸泡约 8 小时，再洗净；红薯去皮、洗净，切小丁。
2. 将绿豆、红薯一同倒入豆浆机中，加入适量清水，启动豆浆机，待豆浆机自行搅打、煮熟后，滤出豆渣。
3. 在豆浆中加入适量白糖搅匀即可。

**养生私语**

红薯中含有均衡的营养成分，如维生素、纤维素以及钾、铁、铜等 10 余种微量元素，其中纤维素对肠道蠕动能起到良好的刺激作用，促进排泄畅通。同时，由于纤维结构在肠道内无法被吸收，有阻挠糖类变成脂肪的特殊功能。

# 补血活血

大多数女性都会有贫血的困扰，往常人们都说补血就要多吃肉，而对于女性来说，养生学强调“女性终身不离豆”，那么如何做补气、补血、活血又养颜的豆浆呢？下文将与大家分享。

## 桂圆红豆豆浆

### 材料

红豆、黄豆各35克，桂圆20克，白糖适量

### 制作步骤

1. 提前将红豆、黄豆分别用清水浸泡约8小时，再洗净；桂圆去壳、去核。
2. 将红豆、黄豆、桂圆一同倒入豆浆机中，加入适量清水，启动豆浆机，待豆浆机自行搅打、煮熟后，滤出豆渣，去除浮沫。
3. 在豆浆中加入适量白糖搅匀即可。

**养生私语**

此款豆浆有壮阳益气、补益心脾、养血安神、润肤美容等多种功效，可治疗贫血、心悸、失眠、健忘、神经衰弱及病后、产后身体虚弱等症。

# 玫瑰花油菜黑豆浆

**材料**

黑豆 60 克，油菜 20 克，玫瑰花 8 克

**制作步骤**

1. 提前将黑豆用清水浸泡约 8 小时，再洗净；油菜洗净，切碎。
2. 将黑豆、油菜一同倒入豆浆机中，加入适量清水，启动豆浆机，待豆浆机自行搅打、煮熟后，滤出豆渣，去除浮沫。
3. 将玫瑰花盛入杯中，倒入制好的豆浆冲泡即可。

**• 制作叮咛 •**

豆类的浸泡时间应根据季节的变化而变化，一般夏季约 6 小时，春秋季约 8 小时，冬季约 8 小时。

芳香浓郁，富含营养。

**养生私语**

此款豆浆具有理气解郁、活血散瘀的功效。经常饮用，还能有效清除自由基，消除色素沉淀，令人焕发青春活力。

# 桃子黑米豆浆

**材料**

黄豆 50 克，黑米 20 克，桃肉 15 克

**制作步骤**

1. 提前将黄豆用清水浸泡约 8 小时，再洗净；桃肉切小块；黑米淘洗干净。
2. 将黄豆、黑米、桃肉一同倒入豆浆机中，加入适量清水，启动豆浆机，待豆浆机自行搅打、煮熟后，滤出豆渣，去除浮沫即可。

**·制作叮咛·**

桃肉也可事先榨成汁，与打好的豆浆混合。

**养生私语**

桃子有补益气血、养阴生津的作用，对气血亏虚、面黄肌瘦、心悸气短者有辅助疗效。另外，桃子还有活血化瘀、润肠通便的作用，可用于闭经、跌打损伤等辅助治疗。

# 紫米红豆豆浆

**材料**

红豆 60 克，紫米 20 克，白糖适量

**制作步骤**

1. 提前将红豆用清水浸泡约 8 小时，再洗净；紫米淘洗干净。
2. 将红豆、紫米一同倒入豆浆机中，加入适量清水，启动豆浆机，待豆浆机自行搅打、煮熟后，滤出豆渣，去除浮沫。
3. 在豆浆中加入适量白糖搅匀即可。

**制作叮咛**

紫米和红豆的比例为 1 ：3，这样做出来的豆浆更适口。

**养生私语**

此款豆浆中含丰富的铁质，能令人面色红润，还有补血、促进血液循环、强化体力、增强抵抗力的效果。

## 延缓衰老

如何才能延缓衰老？也许你会买大量化妆品来补救，但却忽略了饮食调理。豆浆中含有丰富的植物蛋白，是非常适合现代人的保健饮品，它既可补充人体所需蛋白质，还有延缓衰老的功效呢！

# 糯米芝麻杏仁豆浆

**材料**

黄豆50克，糯米20克，白芝麻10克，杏仁15克，白糖适量

**制作步骤**

1. 提前将黄豆用清水浸泡约8小时，再洗净；糯米淘洗干净；白芝麻淘洗干净。
2. 将黄豆、糯米、白芝麻、杏仁一同倒入豆浆机中，加入适量清水，启动豆浆机，待豆浆机自行搅打、煮熟后，滤出豆渣，去除浮沫。
3. 在豆浆中加入适量白糖搅匀即可。

**养生私语**

此款豆浆中所含有的维生素E等抗氧化物质，能预防疾病和抵抗衰老。另外，其中含有的丰富的不饱和脂肪酸，可有益于心脏健康。

# 小麦核桃红枣豆浆

## 材料

黄豆50克，红枣、小麦仁、核桃仁各15克，白糖适量

## 制作步骤

1. 提前将黄豆和小麦仁用清水浸泡约8小时，再洗净；红枣去核、洗净；小麦仁洗净。
2. 将黄豆、红枣、小麦仁、核桃一同倒入豆浆机中，加入适量清水，启动豆浆机，待豆浆机自行搅打、煮熟后，滤出豆渣，去除浮沫。
3. 在豆浆中加入适量白糖搅匀即可。

### •制作叮咛•

豆类的浸泡时间应根据季节的变化而变化，一般夏季约6小时，春秋季约8小时，冬季约8小时。

### 养生私语

此款豆浆中含有锌、锰、铬等人体不可缺少的微量元素。人体在衰老过程中，锌、锰的含量会日渐降低，铬有促进葡萄糖利用、胆固醇代谢和保护心血管的功能。此外，其中所含的维生素E是医学界公认的抗衰老物质。

# 胡萝卜黑豆豆浆

材料

黑豆65克，胡萝卜20克

制作步骤

1. 提前将黑豆用清水浸泡约8小时，再洗净；胡萝卜去皮，洗净，切小丁。
2. 将黑豆、胡萝卜一同倒入豆浆机中，加入适量清水，启动豆浆机，待豆浆机自行搅打、煮熟后，滤出豆渣，去除浮沫即可。

•制作叮咛•

豆类的浸泡时间应根据季节的变化而变化，一般夏季约6小时，春秋季约8小时，冬季约8小时。

养生私语

此款豆浆中含有植物固醇，它不会被人体吸收利用，又有抑制人体吸收胆固醇、降低胆固醇在血液中含量的作用。因此，常饮此款豆浆，能软化血管，滋润皮肤，延缓衰老。

# 花生腰果豆浆

**材料**

黄豆 50 克，花生仁、腰果各 20 克，白糖适量

**制作步骤**

1. 提前将黄豆用清水浸泡约 8 小时，再洗净；花生仁洗净。
2. 将黄豆、花生仁、腰果一同倒入豆浆机中，加入适量清水，启动豆浆机，待豆浆机自行搅打、煮熟后，滤出豆渣，去除浮沫。
3. 在豆浆中加入适量白糖搅匀即可。

**• 制作叮咛 •**

花生仁的“红衣”要一起榨浆，因为花生皮有养血、补血、生发、乌发的效果。

**养生私语**

此款豆浆中含有丰富的油脂和维生素 A，可以润肠通便，并有很好的润肤美容功效，可延缓衰老。跌打损伤者不宜饮用，花生含凝血因子，可使血瘀不散，加重瘀肿。

# 清火排毒

中医推崇的排毒理念认为，通过各种方法把身体中的毒素排出体外，人才会重新恢复健康活力。豆浆中含有高纤维，可增强肠胃蠕动能力，减少食物残渣中的毒素在人体中停留时间，从而起到清火排毒的效果。

## 薄荷大米绿豆浆

**材料**

绿豆60克，大米20克，薄荷叶、冰糖各适量

**制作步骤**

1. 提前将绿豆用清水浸泡约8小时，再洗净；薄荷叶洗净，撕成小片；大米淘洗干净。
2. 将绿豆、大米、薄荷叶一同倒入豆浆机中，加入适量清水，启动豆浆机，待豆浆机自行搅打、煮熟后，滤去豆渣，去除浮沫。
3. 在豆浆中加入适量冰糖搅拌均匀即可。

**养生私语**

此款豆浆具有发散风热、清利咽喉、清火解毒、疏肝解郁和止痒等功效。

# 绿豆百合菊花豆浆

材料

绿豆 60 克，百合 15 克，菊花 8 克，冰糖适量

制作步骤

1. 提前将绿豆用清水浸泡约 8 小时，再洗净；干百合泡发、洗净；菊花用清水浸泡约 10 分钟。
2. 将绿豆、百合、菊花及泡菊花的清水一同倒入豆浆机中，启动豆浆机，待豆浆机自行搅打、煮熟后，滤出豆渣，去除浮沫。
3. 在豆浆中加入适量冰糖搅拌均匀即可。

·制作叮咛·

菊花的选择很多，但以野菊花清热排毒的效果最佳。

养生私语

此款豆浆中的材料均是清火排毒佳品，而且搭配得当，可清心除烦，宁心安神，对热病后余热未消、神思恍惚、失眠多梦、心情抑郁等症有辅助疗效。

# 大米百合荸荠豆浆

材料

黄豆50克，大米、荸荠各20克，百合15克，冰糖适量

制作步骤

1. 提前将黄豆用清水浸泡约8小时，再洗净；百合掰成片、洗净；荸荠去皮、洗净，切小粒；大米淘洗干净。

2. 将黄豆、大米、荸荠、百合一同倒入豆浆机中，加入适量清水，启动豆浆机，待豆浆机自行搅打、煮熟后，滤出豆渣，去除浮沫。
3. 在豆浆中加入适量冰糖拌匀即可。

•制作叮咛•

没有干的百合，可用鲜百合替代。

养生私语

此款豆浆具有生津润肺、清火排毒、化痰利肠、通淋利尿的功效，对烦热口渴、血热便血、阴虚肺燥，痰热咳嗽等症有很好的辅助疗效。

## 清心明目

每天对着电脑会不会觉得眼睛干涩呢？忙碌过后是否偶尔会视线模糊？眼睛也需要呵护，自制一杯美味豆浆，看着那浓浓的汁液，闻着若有若无的清香，观之可以缓解疲劳，品之可以清心明目。

# 菊花枸杞豆浆

### 材料

黄豆60克，枸杞10克，菊花8克

### 制作步骤

1. 提前将黄豆用清水浸泡约8小时，再洗净；枸杞洗净，用清水浸泡。
2. 将黄豆、枸杞及泡枸杞的清水一同倒入豆浆机中，启动豆浆机，待豆浆机自行搅打、煮熟后，滤出豆渣，去除浮沫。
3. 将菊花盛入杯中，倒入制好的豆浆冲泡即可。

**制作叮咛**

也可添加红枣一起制作，增添你的好气色。

清香润滑，营养丰富。

**养生私语**

此款豆浆具清心明目之用，因为菊花能消除眼部疲劳，枸杞含丰富的维生素A，对于长时间需使用眼力的人，是一道很好的护眼饮品。

# 枸杞胡萝卜豆浆

**材料**

黄豆60克，胡萝卜20克，枸杞10克

**制作步骤**

1. 提前将黄豆用清水浸泡约8小时，再洗净；胡萝卜去皮，洗净，切小丁；枸杞洗净，用清水浸泡。
2. 将黄豆、胡萝卜、枸杞及泡枸杞的清水一同倒入豆浆机中，启动豆浆机，待豆浆机自行搅打、煮熟后，滤出豆渣，去除浮沫即可。

**•制作叮咛•**

很多人不喜欢吃胡萝卜豆浆，可在豆浆中适当加糖或蜂蜜调和后即香甜可口了。

**养生私语**

枸杞、胡萝卜中的维生素A含量都非常丰富，有补肝明目的作用，可辅助治疗夜盲症。

# 大麦红枣豆浆

材料

黄豆 50 克，红枣 15 克，大麦仁 10 克，白糖适量

制作步骤

1. 提前将黄豆用清水浸泡约 8 小时，再洗净；红枣去核、洗净；大麦仁淘洗干净。
2. 将黄豆、红枣、大麦仁一同倒入豆浆机中，加入适量清水，启动豆浆机，待豆浆机自行搅打、煮熟后，滤出豆渣，去除浮沫。
3. 在豆浆中加入适量白糖搅匀即可。

•制作叮咛•

如女性内分泌失调，可加 10 克枸杞同榨，食疗效果更佳。

养生私语

此款豆浆中含有丰富的粗纤维、磷、钙、铁、钾、钠、镁、维生素，具有清心明目、益气生津的功效。

## 生发乌发

也许你一旦出现脱发、白发等问题，就会尝试用各种防脱、乌发产品。殊不知，美发还是食物来得安全又持久。爱生活就从爱自己开始，动手为自己和家人，制作一款健康好喝的生发、乌发豆浆吧！

# 芝麻花生黑豆浆

### 材料

黑豆50克，黑芝麻10克，花生仁20克，白糖适量

### 制作步骤

1. 提前将黑豆用清水浸泡约8小时，再洗净；黑芝麻淘洗干净；花生仁洗净。
2. 将黑豆、黑芝麻、花生仁一同倒入豆浆机中，加入适量清水，启动豆浆机，待豆浆机自行搅打、煮熟后，滤出豆渣，去除浮沫。
3. 在豆浆中加入适量白糖搅匀即可。

**养生私语**

此款豆浆具有补肝肾、润五脏的作用，可用于辅助治疗须发早白、脱发、腰膝酸软、四肢乏力等症，在乌发养颜方面的功效，更是有口皆碑。

# 黑米杏仁豆浆

**材料**

黑豆40克，黑米、杏仁各20克，白糖适量

**制作步骤**

1. 提前将黄豆用清水浸泡约8小时，再洗净；黑米淘洗干净。
2. 将黑豆、黑米、杏仁一同倒入豆浆机中，加入适量清水，启动豆浆机，待豆浆机自行搅打、煮熟后，滤出豆渣，去除浮沫。
3. 在豆浆中加入适量白糖搅匀即可。

**制作叮咛**

豆类的浸泡如果是在夏季仅需6小时即可。

**养生私语**

此款豆浆有补益脾胃、益气活血、养肝明目等效用，经常饮用，有利于防治头昏、目眩、贫血、白发、腰膝酸软、肺燥咳嗽等症。

# 抵抗辐射

辐射在生活中无处不在，我们该如何抵抗它所带来的危害呢？“一杯鲜豆浆，全家保健康”，这话一点不假。豆浆可增强人体免疫力，有效保护人体细胞免受辐射损害，从而达到抵抗辐射的效果。

## 绿豆海带无花果豆浆

### 材料

绿豆50克，海带20克，无花果干15克

### 制作步骤

1. 提前将绿豆用清水浸泡约8小时，再洗净；海带用清水浸泡后，清洗干净，切小条；无花果干泡软。
2. 将绿豆、海带、无花果干一同倒入豆浆机中，加入适量清水，启动豆浆机，待豆浆机自行搅打、煮熟后，滤出豆渣，去除浮沫即可。

**养生私语**

此款豆浆中所含的海带胶质能促使体内的放射性物质随同大便排出体外，从而减少放射性物质在人体内的积聚，也减少了放射性疾病的发生率。

# 花粉木瓜薏米绿豆浆

## 材料

绿豆50克，薏米30克，木瓜20克，花粉10克

## 制作步骤

1. 提前将绿豆、薏米分别用清水浸泡约8小时，再洗净；木瓜去皮，洗净，切小丁。
2. 将绿豆、薏米、木瓜一同倒入豆浆机中，加入适量清水，启动豆浆机，待豆浆机自行搅打、煮熟后，滤出豆渣，去除浮沫。
3. 将豆浆倒入杯中，凉至温热时，加入花粉搅拌均匀即可。

### •制作叮咛•

油菜花粉不宜在豆浆滚烫时加入，以免高温破坏花粉的营养。

### 养生私语

木瓜能减轻电磁辐射对人体产生的细微影响，辅助避免神经功能紊乱；花粉有较好的抗辐射保健作用。

# 黄绿豆绿茶豆浆

材料

黄豆、绿豆各35克，绿茶8克

制作步骤

1. 提前将黄豆、绿豆分别用清水浸泡约8小时，再洗净。

2. 将黄豆、绿豆一同倒入豆浆机中，加入适量清水，启动豆浆机，待豆浆机自行搅打、煮熟后，滤出豆渣，去除浮沫。
3. 将绿茶盛入杯中，倒入制好的豆浆冲泡即可。

养生私语

绿茶中所含的茶多酚及其氧化产物具有吸收放射性物质毒害的能力，常饮此款豆浆，可有助于预防和治疗辐射伤害。

# 失眠心烦

每个人或多或少都有过失眠心烦的感觉。如果你也有此症状，甚至头痛眩晕，不妨按下面的方法，给自己制作一杯静心安眠的豆浆来调理吧。

## 桂圆安眠豆浆

**材料**

绿豆50克，桂圆20克，白糖适量

**制作步骤**

1. 提前将绿豆用清水浸泡约8小时，再洗净；桂圆去壳、去核。
2. 将绿豆、桂圆一同倒入豆浆机中，加入适量清水，启动豆浆机，待豆浆机自行搅打、煮熟后，滤去豆渣，去除浮沫。
3. 在豆浆中加入适量白糖搅匀即可。

**养生私语**

桂圆养血安神，能有效对付失眠、健忘、神经衰弱等症，此款豆浆不但宁神益心，而且对改善贫血，及病后、产后虚弱都有一定辅助功效，还有美容、延年益寿的作用。

# 红枣山药枸杞豆浆

## 材料

黄豆50克，红枣15克，山药20克，枸杞10克，白糖适量

## 制作步骤

1. 提前将黄豆用清水浸泡约8小时，再洗净；红枣去核、洗净；山药去皮、洗净，切小丁；枸杞洗净，用清水浸泡。
2. 将黄豆、红枣、山药、枸杞及泡枸杞的清水一同倒入豆浆机中，启动豆浆机，待豆浆机自行搅打、煮熟后，滤去豆渣，去除浮沫。
3. 在豆浆中加入适量白糖搅匀即可。

**养生私语**

此款豆浆含有机酸、维生素等丰富的营养成分，有安神养血、舒肝解郁、润泽肌肤之功效，经常饮用，对心神不宁者疗效极佳。

# 百合莲子黄绿豆浆

## 材料

黄豆、绿豆各30克，百合、莲子各15克，冰糖适量

**养生私语**

百合、莲子均具有养心安神之效，将二者搭配豆类制成豆浆，对于轻度失眠者有很好的疗效，可经常饮用。

## 制作步骤

1. 提前将黄豆、绿豆分别用清水浸泡约8小时，再洗净；干百合泡发，洗净；莲子泡软，去芯。
2. 将黄豆、绿豆、百合、莲子一同倒入豆浆机中，加入适量清水，启动豆浆机，待豆浆机自行搅打、煮熟后，滤去豆渣，去除浮沫。
3. 在豆浆中加入适量冰糖搅拌均匀即可。

# 缓解便秘

在豆浆的众多养生功效中，缓解便秘的效用无疑是最令人欣喜的。豆浆中富含膳食纤维，可促进肠道蠕动，增大粪便体积，并通过吸收水分使大便变软，产生润肠通便的作用。

## 豌豆小米豆浆

### 材料

豌豆40克，黄豆30克，小米10克，白糖适量

### 制作步骤

1. 提前将豌豆、黄豆分别用清水浸泡约8小时，再洗净；小米淘洗干净。
2. 将豌豆、黄豆、小米一同倒入豆浆机中，加入适量清水，启动豆浆机，待豆浆机自行搅打、煮熟后，滤出豆渣，去除浮沫。
3. 在豆浆中加入适量白糖搅匀即可。

**制作叮咛**

此款豆浆也可用鲜豌豆来制作。

**养生私语**

豌豆富含粗纤维，能促进大肠蠕动，保持大便通畅；小米有补虚养胃的功效，对体弱气血不足者尤佳。

# 山楂糙米豆浆

## 材料

黄豆50克，糙米20克，山楂15克

## 制作步骤

1. 提前将黄豆用清水浸泡约8小时，再洗净；糙米淘洗干净；山楂泡软、去子。
2. 将黄豆、山楂、糙米一同倒入豆浆机中，加入适量清水，启动豆浆机，待豆浆机自行搅打、煮熟后，滤去豆渣，去除浮沫即可。

酸酸甜甜，滋味美妙。

**·制作叮咛·**

糙米可事先浸泡半小时。

**养生私语**

此款豆浆中含大量膳食纤维，可促进肠道有益菌增殖，加速肠道蠕动，软化粪便，预防便秘。膳食纤维还能与胆汁中的胆固醇结合，促进胆固醇的排出，从而帮助高血脂症患者降低血脂。

# 薏米豆浆

材料↘

黄豆50克，薏米20克，白糖适量

制作步骤↘

1. 提前将黄豆用清水浸泡约8小时，薏米泡2小时，再洗净。
2. 将黄豆、薏米一同倒入豆浆机中，加入适量清水，启动豆浆机，待豆浆机自行搅打、煮熟后，滤去豆渣，去除浮沫。
3. 在豆浆中加入适量白糖搅匀即可。

•制作叮咛•

薏米泡的时间不宜过长，防止营养成分流失。

养生私语

此款豆浆可以促进体内血液和水分的新陈代谢，有利尿、消水肿等作用，并可帮助排便。其中还含有丰富的水溶性纤维，可以吸附胆盐，使肠道对脂肪的吸收率变差，进而降低血脂肪、降血糖。

# 降血压

高血压是中老年人的一种常见病，有此症状的人群除了应坚持药物治疗外，经常用大豆搭配降压食材制成豆浆饮用，也能起到很好的辅助治疗作用。

## 西芹降压豆浆

**材料**

黄豆 60 克，西芹 20 克

**制作步骤**

1. 提前将黄豆用清水浸泡约 8 小时，再洗净；西芹洗净，切段。
2. 将黄豆、西芹一同倒入豆浆机中，加入适量清水，启动豆浆机，待豆浆机自行搅打、煮熟后，滤去豆渣，去除浮沫即可。

**养生私语**

西芹含有多种维生素，其中维生素 P 可降低毛细血管的通透性，增加血管弹性，具有降血压、清血管、防止动脉硬化和毛细血管爆裂之功能。此款豆浆可清热除烦，利水消肿，长期饮用有助降低血压、缓解高血脂症状。

# 榛仁豆浆

材料↘

黄豆65克，榛仁20克，白糖适量

制作步骤↘

1. 提前将黄豆用清水浸泡约8小时，再洗净。
2. 将黄豆、榛仁一同倒入豆浆机中，加入适量清水，启动豆浆机，待豆浆机自行搅打、煮熟后，滤去豆渣，去除浮沫。
3. 在豆浆中加入适量白糖搅匀即可。

•制作叮咛•

榛仁属于坚果，打豆浆之前应该先去外壳。

养生私语

榛仁中含有丰富的不饱和脂肪酸，一方面可以促进胆固醇的代谢，另一方面可以软化血管，维护毛细血管的健康，从而预防和治疗高血压、动脉硬化等心脑血管疾病。

# 三豆山楂豆浆

材料

黄豆、白芸豆、红豆各35克，山楂10粒（鲜品为佳），冰糖适量

制作步骤

1. 提前将黄豆、白芸豆、红豆分别用清水浸泡约8小时，再洗净；山楂取肉备用。
2. 将备好的材料一同倒入豆浆机中，加入适量清水，启动豆浆机，待豆浆机自行搅打、煮熟后，滤出豆渣，去除浮沫。
3. 在豆浆中加入适量白糖搅匀即可。

•制作叮咛•

如果没有鲜山楂，用干山楂泡水代替清水。

养生私语

芸豆是一种高钾低钠食品，很适合于心脏病、动脉硬化、高血脂症和忌盐患者食用。山楂能扩张血管，降低血压，降低胆固醇，健胃消食，润肤美容。这款豆浆对高血压病人十分有益。

# 南瓜二豆浆

## 材料

黄豆、绿豆各30克，南瓜20克，白糖适量

## 制作步骤

1. 提前将黄豆、绿豆分别用清水浸泡约8小时，再洗净；南瓜去皮、洗净，切小丁。
2. 将黄豆、绿豆、南瓜一同倒入豆浆机中，加入适量清水，启动豆浆机，待豆浆机自行搅打、煮熟后，滤出豆渣，去除浮沫。
3. 在豆浆中加入适量白糖搅拌均匀即可。

**•制作叮咛•**

也可将南瓜煮熟后捣成泥，再放入豆浆机内。

**养生私语**

此款豆浆高钙、高钾、低钠，特别适合中老年人和高血压患者，有利于预防骨质疏松和高血压症。此外，还含有磷、镁、铁、铜、锰、铬、硼等元素，可提高人体免疫能力。

## 降血脂

豆浆中所含的豆固醇和钾、镁、钙能加强心肌血管的兴奋，改善心肌营养，降低胆固醇，促进血流，防止血管痉挛，还可明显地降低脑血脂，改善脑血流，从而有效地防止脑梗死、脑出血的发生。

# 山楂大米豆浆

**材料**

黄豆50克，大米20克，山楂10克

**制作步骤**

1. 提前将黄豆用清水浸泡约8小时，再洗净；大米淘洗干净；山楂干用清水泡软后去子。
2. 将黄豆、大米、山楂一同倒入豆浆机中，加入适量清水，启动豆浆机，待豆浆机自行搅打、煮熟后，滤出豆渣，去除浮沫即可。

色泽淡雅，豆香怡人。

**制作叮咛**

如果没有干的山楂也可用新鲜的山楂代替，但应适当加大分量。

**养生私语**

此款豆浆中含有山萜类、黄酮类等药物成分，具有显著的扩张血管的作用，还有增强心肌、抗心律不齐、调节血脂及胆固醇含量的功能。

# 山楂荞麦豆浆

**材料**

黄豆50克，荞麦20克，山楂10克

**制作步骤**

1. 提前将黄豆用清水浸泡约8小时，再洗净；山楂泡软，去子；荞麦淘洗干净。
2. 将黄豆、山楂、荞麦一同倒入豆浆机中，加入适量清水，启动豆浆机，待豆浆机自行搅打、煮熟后，滤出豆渣，去除浮沫即可。

**养生私语**

此款豆浆含有蛋白质、多种维生素、纤维素、镁、钾、钙、铁、锌、铜、硒等。因其中的蛋白质、维生素含量非常丰富，故有降血脂、保护视力、软化血管功效。同时，食材中的荞麦可杀菌消炎，有“消炎粮食”的美称。

# 荷叶豆浆

材料

黄豆 60 克，荷叶 20 克

制作步骤

1. 提前将黄豆用清水浸泡约 8 小时，再洗净；鲜荷叶洗净，撕成小片。
2. 将黄豆、荷叶一同倒入豆浆机中，加入适量清水，启动豆浆机，待豆浆机自行搅打、煮熟后，滤出豆渣，去除浮沫即可。

• 制作叮咛 •

若用干荷叶应适当减少分量，且需要先泡软。

养生私语

荷叶具有良好的降血脂、降胆固醇和减肥的作用，将其与黄豆一同制成豆浆，不仅美味，更可作为高血脂症患者的辅助治疗饮品。

# 降血糖

豆浆含有大量纤维素，能有效阻止糖的过量吸收，减少糖分，因而能防治糖尿病，是糖尿病患者日常必不可少的好食品。

## 黑豆玉米燕麦豆浆

### 材料

黑豆50克，燕麦、玉米各20克

### 制作步骤

1. 提前将黑豆、玉米分别用清水浸泡约8小时，再洗净。
2. 将黑豆、玉米、燕麦一同倒入豆浆机中，加入适量清水，启动豆浆机，待豆浆机自行搅打、煮熟后，滤出豆渣，去除浮沫即可。

**养生私语**

此款豆浆中含有丰富的B族维生素和锌，它们对糖类和脂肪类的代谢具有调节作用。

# 黄豆海带豆浆

材料

黄豆 50 克，大米 15 克，海带 25 克

制作步骤

1. 提前将黄豆用清水浸泡约 8 小时，再洗净；大米淘洗干净；海带用清水浸泡后，清洗干净，切小条。
2. 将黄豆、大米、海带一同倒入豆浆机中，加入适量清水，启动豆浆机，待豆浆机自行搅打、煮熟后，滤出豆渣，去除浮沫即可。

•制作叮咛•

如果是干海带，应先用水泡发、洗净，再切小条。

养生私语

海带中含有丰富的岩藻多糖，是极好的食物纤维，糖尿病患者食用后，能延缓胃排空和食物通过小肠的时间，如此，即使在胰岛素分泌量减少的情况下，血糖含量也不会上升，从而达到治疗糖尿病的目的。

# 燕麦苹果豆浆

材料

黄豆40克，苹果、燕麦各20克

制作步骤

1. 提前将黄豆用清水浸泡约8小时，再洗净；苹果去皮、洗净，切小丁。
2. 将黄豆、苹果、燕麦一同倒入豆浆机中，加入适量清水，启动豆浆机，待豆浆机自行搅打、煮熟后，滤出豆渣，去除浮沫即可。

•制作叮咛•

豆类的浸泡时间应根据季节的变化而变化，冬季约8小时，其余时间相对减少。

养生私语

苹果中的胶质和微量元素铬能保持血糖的稳定，所以苹果不仅是糖尿病患者的健康水果，将其与同样可降血糖的燕麦一同制成豆浆，更是一切想要控制血糖的人必不可少的健康饮品，并且还能有效地降低胆固醇。

# 第七章

# 豆豆的花样料理

豆类不仅品种多，
料理方法也多种多样，
除了可制成营养美味的豆浆外，
其剩余的豆渣也可独自烹调成美味食物，
且豆浆也是不错的烹调原料呢！
另外，
还可将豆豆制成豆芽菜等美食，
纯天然的绿色美食。

# 豆渣料理

豆渣中富含膳食纤维、蛋白质、脂肪、异黄酮和维生素等，营养成分与大豆类似，若加以利用，细心调配，亦可制成独具风味的美食，如窝头、馒头、饼、粥，同时豆渣也可以炒着吃……

## 豆渣馒头

**材料**

豆渣100克，面粉250克，盐、酵母各适量

**制作步骤**

1. 面粉中加入盐、豆渣和少许油拌匀。
2. 酵母用清水化开，倒入面粉中搅拌，再加入适量清水拌成絮状。
3. 将面粉揉成光滑面团，盖上保鲜膜，发酵至2倍大。
4. 取出面团，用力揉面10分钟后，再盖上保鲜膜，醒发15分钟。
5. 将醒发好的面团搓成长条，再分切成大小相同的剂子。
6. 将小剂子稍加整形，放入刷过油的蒸屉中醒发20分钟。
7. 以大火冷水蒸15分钟关火，焖约5分钟开锅即可。

**养生私语**

用豆渣、面粉为主要原料做成的这款馒头，能降低血液中胆固醇含量，减少糖尿病人对胰岛素的消耗。其中含有的丰富植物纤维，有预防肠癌及减肥的功效。

# 蒜苗炒豆渣

材料

豆渣 250 克，蒜苗、姜、盐各适量

制作步骤

1. 蒜苗洗净，切碎；姜去皮，洗净，切末。
2. 油锅烧热，入姜末炒香，倒入豆渣翻炒均匀，再放入蒜苗同炒片刻，调入盐炒匀，起锅盛入盘中即可。

·制作叮咛·

也可用大葱代替蒜苗来做此菜，味道一样美。

养生私语

这道菜肴具有暖补脾胃、滋阴润燥的功效。

# 豆渣蛋饼

**材料**

豆渣、面粉各150克，鸡蛋2个，葱花、胡萝卜汁、盐各适量

**制作步骤**

1. 鸡蛋磕入碗中，放入豆渣，加入葱花、胡萝卜汁、面粉，调入盐搅拌至黏稠。
2. 锅置火上，入油烧热，倒入拌好的材料摊成饼状，再煎至两面呈金黄色至熟时盛出即可。

**·制作叮咛·**

摊蛋饼时要不停地转动锅边，以免煳锅。

**养生私语**

用豆渣与鸡蛋为主要原料煎制成蛋饼，其中富含卵磷脂、甘油三脂、胆固醇和卵黄素，对神经系统和身体的发育有很大的促进作用。卵磷脂被人体消化后，可释放出胆碱，胆碱可改善各个年龄组的记忆力。

# 果仁豆渣粥

### 材料

豆渣 100 克，玉米粉 50 克，核桃仁、松仁、杏仁各适量

### 制作步骤

1. 将核桃仁、松仁、杏仁一同放入锅中，以小火翻炒片刻，晾凉后取出切碎备用。
2. 将豆渣与玉米粉混合，加入适量清水调成糊状。
3. 锅中注入适量清水烧开，倒入调成糊状的豆渣与玉米粉熬煮至熟烂，撒上切碎的果仁碎即可。

### 制作叮咛

将核桃仁、松仁、杏仁炒过后再使用，香味更浓郁。

### 养生私语

这道粥品可温肺、润肠，对虚寒喘嗽、大便秘结等症有良好的辅助疗效。

# 椰香豆渣粥

**材料**

豆渣100克，燕麦50克，白糖、椰汁各适量

**制作步骤**

1. 锅置火上，注入适量清水烧开，加入豆渣、燕麦，调入白糖以小火焖煮5分钟。
2. 加入椰汁搅拌均匀即可。

**制作叮咛**

有椰汁的加入，使得这道粥品不加糖，味道也不错。

**养生私语**

这道粥品将豆渣、燕麦、椰汁巧妙结合，具有增加肌肤活性、延缓肌肤衰老、美白保湿、减少皱纹色斑、抗过敏等功效，非常适合爱美人士食用。

# 豆渣丸子

## 材料

瘦肉80克，鸡蛋2个，豆渣、面粉、青菜、葱、盐各适量

**养生私语**

这道菜肴所含营养成分丰富，具有补虚强身，滋阴润燥、丰肌泽肤的作用。

## 制作步骤

1. 瘦肉、青菜分别洗净、切碎。葱洗净，切葱花。
2. 将豆渣盛入碗中，磕入鸡蛋，放入瘦肉、青菜，加入面粉和少许清水，调入盐搅拌均匀。
3. 再将拌好的材料挤出一个个的小丸子。
4. 锅中入油烧热，注入适量高汤烧开，下入丸子煮至熟透，起锅盛入碗中，撒上葱花即可。

**·制作叮咛·**

搅拌原材料时，一定要加入少量清水，以便搅打上劲，而且，也便于将其中的面粉和匀。

# 豆浆料理

大部分人把豆浆当成饮料，其实，将豆浆加入其他食物当中，也是非常好的烹调原料，口味升级，营养更好。

## 豆浆米饭

材料

大米 100 克，豆浆适量

制作步骤

大米淘洗干净，用豆浆替代清水加入大米中，煮熟即可。

养生私语

此料理能充分发挥豆和米的营养互补作用，滋养而健康。

# 豆浆拉面

**材料**

拉面 100 克，豆浆、海带结、绿豆芽、嫩玉米粒、葱、盐各适量

**制作步骤**

1. 海带结、绿豆芽、嫩玉米粒均洗净；葱洗净，切葱花。
2. 锅中注入适量清水烧开，下入拉面煮熟后捞出，盛入盘中；再将海带结、绿豆芽、嫩玉米粒分别焯水后捞出，置于拉面上。
3. 锅中注入适量高汤、豆浆烧开，调入盐拌匀，起锅浇在拉面上，撒上葱花即可。

**养生私语**

此款拉面中含有大量的不饱和脂肪酸和植物纤维，能清除附着在血管壁上的胆固醇，调顺肠胃，促进胆固醇的排泄。

# 豆浆滑鸡粥

材料

大米100克，鸡胸肉、豆浆、盐、胡椒粉、姜各适量

制作步骤

1. 鸡胸肉洗净，切片，加盐、胡椒粉腌制；姜去皮、洗净，切丝。
2. 大米淘洗干净，加入适量清水煮成稠粥，放入姜丝，再倒入适量豆浆烧开，放入腌好的鸡胸肉滑熟后出锅即可。

·制作叮咛·

鸡胸肉不要煮得太久，刚熟即可，以免影响口感。

养生私语

此粥品中维生素、蛋白质的含量比例较高，种类多，而且消化率高，很容易被人体吸收利用，有增强体力、强壮身体的作用。

# 豆花料理

你一定尝过香香甜甜的豆花，但你未必吃过用其烹调出来的美味菜肴，意想不到吧？细致软绵的豆花经过简单的料理，一道道佳肴马上就会颠覆你对豆花的传统印象。

## 豆花鱼片

**材料**

草鱼400克，豆花、郫县豆瓣、姜、盐、胡椒粉、老抽、料酒、淀粉各适量

**制作步骤**

1. 草鱼处理干净，取肉片成片，加盐、料酒、淀粉拌匀；将豆花盛入大碗中；郫县豆瓣剁细；姜去皮，洗净，切末。
2. 油锅烧热，入干红椒、花椒爆香后捞出，放入郫县豆瓣、姜末炒香，注入适量高汤烧开。
3. 调入盐、胡椒粉、老抽、料酒拌匀，放入鱼片，用筷子拨散，待煮至鱼片变色时关火。
4. 将煮好的鱼片倒入盛有豆花的大碗中，再淋入热油即可。

**养生私语**

这道菜肴中含有丰富的不饱和脂肪酸，对血液循环有利，是心血管病人的良好食物。

# 豆芽菜

豆芽菜是黄豆芽、绿豆芽、黑豆芽和小豆芽的总称，也是冬天的一种常见食物。虽然现在的蔬菜大棚技术十分发达，但在寒冷的冬季，蔬菜的种类仍有所减少，而豆芽却是此时的一道时令美味。

## 清炒绿豆芽

材料

绿豆芽200克，葱、盐各适量

清新爽口。

制作步骤

1. 绿豆芽洗净、沥干水分；葱洗净，切葱花。
2. 油锅烧热，放入绿豆芽翻炒至断生时，调入盐炒匀，加入葱花稍炒后，起锅盛入盘中即可。

养生私语

绿豆芽性凉味甘，不仅能清暑热、通经脉，还能补肾、利尿、消肿、滋阴壮阳，调五脏、美肌肤、利湿热，适用于湿热郁滞、食少体倦、热病烦渴、大便秘结、小便不利、目赤肿痛、口鼻生疮等患者，还能降血脂和软化血管。